計量分析
One Point

カテゴリカルデータの
連関モデル

Association Models

Raymond Sin-Kwok Wong 著

藤原 翔 訳

共立出版

Association Models

by Raymond Sin-Kwok Wong

SAGE Publications, Inc. はロンドン，サウザンドオークス，ニューデリーの原著出版社であり，本書は SAGE Publications, Inc. との契約に基づき日本語版を出版するものである。

Japanese language edition published
by KYORITSU SHUPPAN CO., LTD.

「計量分析 One Point」シリーズの刊行にあたって

　本シリーズは，"little green books" の愛称で知られる，SAGE 社の Quantitative Applications in the Social Sciences（社会科学における計量分析手法とその応用）シリーズから，厳選された書籍の訳書で構成されている。同シリーズは，すでに 40 年を超える歴史を有し，世界中の学生，教員，研究者，企業の実務家に，社会現象をデータで読み解く上での先端的な分析手法の学習の非常によいテキストとして愛されてきた。

　QASS シリーズの特長は，一冊でひとつの手法のみに絞り，各々の分析手法について非常に要領よくわかりやすい解説がなされるところにある。実践的な活用事例を参照しつつ，分析手法の目的，それを適用する上でおさえねばならない理論的背景，分析手順，解釈の留意点，発展的活用等の解説がなされており，まさに実践のための手引書と呼ぶにふさわしいシリーズといえよう。

　社会科学に限らず，医療看護系やマーケティングなど多くの実務の領域でも，現在のデータサイエンスの潮流のもと，社会科学系の観察データのための分析手法やビッグデータを背景にした欠測値処理や因果分析，実験計画的なモデル分析等々，実践的な分析手法への需要と関心は高まる一方である。しかし，日本においては，実践向けかつ理解の容易な先端的手法の解説書の提供は，残念ながらいまだ十分とはいえない状況にある。そうしたなかで，本シリーズの

刊行はまさに重要な空隙を埋めるものとなることが期待できる。

　本シリーズは，大学や大学院の講義での教科書としても，研究者・学者にとってのハンドブックとしても，実務家にとっての学び直しの教材としても，有用なものとなるだろう。何はともあれ，自身の関心のある手法を扱っているものを，まずは手に取ってもらいたい。ページをめくるごとに，新たな知識を得たり，抱いていた疑問が氷解したり，実践的な手順を覚えたりと，レベルアップを実感することになるのではないだろうか。

　本シリーズの企画を進めるに際し，扱う分析手法は，先端的でまさに現在需要のあるもの，伝統的だが重要性が色褪せないもの，応用範囲が広いもの，和書に類書が少ないもの，など，いくつかの規準をもとに検討して，厳選した。また翻訳にあたられる方としては，当該の手法に精通されている先生方へとお願いをした。その結果，難解と見られがちな分析手法の最良の入門書として，本シリーズを準備することができた。訳者の先生方へと感謝申し上げたい。そして，読者の皆様が，新たな分析手法を理解し，研究や実践で使っていただくことを願っている。

三輪　哲

渡辺美智子

日本語版への序文

　連関モデルはクロス分類表 (cross-classification table) を分析するための強力な道具一式であり，カテゴリに順序がある場合もない場合も，そしてカテゴリ間の距離が特定されている場合もされていない場合も利用できる。Leo A. Goodman と Clifford C. Clogg およびその共同研究者たちによる先駆的な貢献に続いて，過去50年の間に，様々な研究分野における多くの研究者が洗練された連関モデルを開発し，適用してきた。本書は，詳細な例を用いた体系的な解説によって，このモデル族の徹底的な理解と応用の促進を目的として書かれている。

　関心のある読者には，学習と理解のために，Sage Publications のサポートページ (https://studysites.sagepub.com/wongstudy/) で入手可能な入力ファイルと出力ファイルの助けを借りながら，各章の例題に沿って作業することを強く勧める。また，新たなユーザーには，統計解析に l_{EM} または R のいずれかを使用することを勧める（ソフトウェアの入手方法については第2章の脚注4を参照）。なぜなら，これらは制約を柔軟に変更でき，それによって多元クロス分類表の複雑で系統的な関係を詳細に検討することができるからである。どちらについても無料でインストール可能である。l_{EM} は Windows/DOS 環境に限定されているが，R は異なるプラットフォーム（UNIX, Windows, MacOS）で

も作動する。そして，間断なく新たな開発が行われている。
Bouchet-Valat et al. (2022) によって開発された R の`logmult` モ
ジュールは，特に興味深い (https://cran.r-project.org/web
/packages/logmult/index.html 参照)。このモジュールは，`gnm`
モジュールをさらに強化し，本書内外で議論されている多くの
$RC(M)$ や $RC(M) - L$ モデルを含めた多種多様な対数乗法連関
モデルを推定することが可能である。このような開発は，変数どう
しの複雑な関係を解明する上での連関モデルの強力さを明確に示し
ている。

　藤原翔准教授の注意深い翻訳により，日本の研究者が本書の内
容にアクセスしやすくなったことに感謝している。丁寧な読解に
より，いくつかの編集ミスや誤字脱字が発見され，本文が改善され
た。残っている誤りがあるのであれば，それは私の責任である。

Raymond Sin-Kwok Wong

参考文献

Bouchet-Valat, Milan, Heather Turner, Michael Friendly, Jim Lemon,
　　& Gabor Csardi. (2022). *logmult: Log-Multiplicative Models, In-
　　cluding Association Models*, R package version 0.7.4. https://
　　CRAN.R-project.org/package=logmult.

訳者まえがき

　計量分析において，クロス分類表（分割表）の分析は最も基礎的なものである。社会調査や統計学の教科書で，ほとんどといってもよいほど扱われており，度数，パーセント，あるいはそれらを図示したモザイクプロット (Friendly & Meyer, 2016) などから，行変数と列変数にどのような関連があるのかを読み解く[a]。そして，期待度数，標準化残差，カイ2乗統計量，自由度，カイ2乗分布，ϕ 係数，クラメールの V の意味や計算方法などを学び，行変数と列変数に関連があるのかどうか，関連があるとすればどの程度なのかについての分析が，独立性の検定を通じて行われる。

　基本的には2変数の関連についての分析が多く，3変数以上の場合には，層となる変数（例えば年齢カテゴリやジェンダーといった背景となる変数）のカテゴリ別に行変数と列変数のクロス分類表を作成して分析を行い，結果の比較が行われ，層となる変数によって関連が等質かどうかが明らかにされる。

　また2×2のクロス分類表の分析についてはオッズ比が取り上げられることも多い。機会の平等／不平等や社会の流動性／閉鎖性を測るために親と子どもの職業的地位の移動を見る社会移動研究で

---

[a]日本語版のサポートページ (https://shofujihara.github.io/Association_Models_Japanese) を参照。

は，このオッズ比を用いてきた（例えば佐藤 (2000) を参照）。2 値変数を従属変数とした 2 項ロジスティック回帰モデルや順序変数を従属変数とした順序ロジスティック回帰モデルの係数を解釈する上でも，オッズ比は重要となる[b)]。ただし，クロス分類表の分析の場合，行や列のカテゴリ数が大きくなると分析は複雑となり，結果を読み解くことも，それを解釈することも困難な場合がある。

　以上がクロス分類表の基本的な分析方法だろう。しかし分析者は果たしてこれだけで満足できているだろうか。

　通常のクロス分類表の分析をより発展させ，その構造を定式化した上でより詳細に理解したい場合，そして，行変数と列変数の関連（つまり変数 X と変数 Y の関連）だけではなく，行変数や列変数のカテゴリ間の関連（つまり変数 X のカテゴリ間の関係や変数 Y のカテゴリ間の関係）を理解したい場合，本書の扱う連関モデル (association model) は大いに役立つ。クロス分類表の分析を割合の表示・図示，関連の有無の検定，連関尺度の計算だけで終わらせるのはもったいない。様々なモデルの適用やその比較を通じ，有用な情報を引き出し，新たな洞察を得ることが可能となるはずだ。

　本書『カテゴリカルデータの連関モデル』[c)]は *Association Models* (Wong, 2010) の全訳であり，連関モデルに関する入門書であるが，一般的な対数線形モデル，対数乗法層効果モデル，修正回帰型層効果モデルについての入門書にもなっている。対数線形モ

[b)]しかしその解釈の難しさから，限界効果 (marginal effect) を求めることも推奨されている。オッズ比については近藤 (2001) も参照されたい。

[c)]著者である Raymond Sin-Kwok Wong 教授の了解を得た上で本翻訳書のタイトルを原著通りの “Association Models” ではなく “Association Models for Categorical Data” の日本語訳とした。カテゴリカルデータは 2 つのカテゴリからなる 2 値変数 (binary variable, dichotomous variable)，順序付けのない名義変数 (nominal variable)，順序付けのある順序変数 (ordinal variable) という 3 つのタイプからなる。

デルや（局所）オッズ比に慣れていないと読みにくい部分もある
が，基礎的なものから複雑なものへと丁寧にモデルが紹介されてい
るので，理解しやすいだろう。日本語であれば，『人文・社会科学
のためのカテゴリカル・データ解析入門』（太郎丸，2005）や『カ
テゴリカルデータ解析入門』（Agresti, 1996=2003）など，また英
語であれば，Hout (1983), Agresti (2007, 2013), Powers & Xie
(2008), Friendly & Meyer (2016), Kateri (2014) なども参考にし
てもらうのがよい。これらの書籍では，R などのプログラムがホー
ムページでサポートされている。特に Friendly & Meyer (2016)
はvcd やvcdExtra パッケージを用いたカテゴリカルデータの分析
やデータの可視化 (data visualization) を扱っている。また，Ka-
teri (2014) の *Contingency Table Analysis* のサポートウェブサイ
トである http://cta.isw.rwth-aachen.de/では，様々な *RC* モ
デルを推定するための関数が用意されている。これらの関数もgnm
パッケージを用いている。

　本書は非常に丁寧に書かれている。まずはじっくりと本書の説明
を，特に自由度の計算に注意しながら，理解してもらうのがよいだ
ろう。その上で，Sage 社の https://studysites.sagepub.com/
wongstudy/default.htm に用意されているデータを R や l_{EM} で
操作し[d]，モデルの適合度やパラメータ推定値の掲載されている表
を再現する (reproduce) ことを試みてほしい。この再現の方法につい
ては説明を加えて，訳書のサポートページ (https://shofujihara.
github.io/Association_Models_Japanese) にてプログラム付き
の資料で解説を行っているので，そちらも参考にしてほしい。推
定自体は簡単だが，スコアを求める上では工夫が必要な場合がある

---

[d]残念ながら GLIM は本書編集時点では配布されていないようである。
　https://en.wikipedia.org/wiki/GLIM_(software)

ので，注意が必要である。そして連関モデルを応用した複数の雑誌論文を実際に読んでほしい。文献リストはサポートページで紹介する。

　方法の基礎が理解できたら，様々な分析を行ってもらうとよい。本書のデータをさらに分析することも可能であるし，社会科学の書籍や論文には様々なクロス分類表のデータがある。例えば，2元クロス分類表については，原著シリーズ編者による内容紹介で用いられているようなmentalHealthだけではなくoccupationalStatus，3元クロス分類表についてはerikson（gnmパッケージ），Yamaguchi87（vcdExtraパッケージ），yaish（gnmパッケージ）など，様々なデータがRやそのパッケージで準備されている。Rのdata()でどのようなデータが準備されているのかを確認してもらいたい。適合度については一致するが，正規化が行われていない場合などがあるため，それについては事後的に行う必要がある。この点についてはSage社のサポートページを参考にするか，訳書のサポートページを参考にしてほしい。l_{EM}とR（gnmとlogmult）を用いて比較するのもよいだろう。特にlogmultパッケージでは多次元RC連関モデルやUNIDIFF（第4章を参照）による分析を簡単に実行できる。

　個票レベルのデータがなくとも，クロス分類表やそれに類似した集計データがあれば分析可能なので，先行研究から関心のあるクロス分類表を探し，それを分析するのもよい。国内外のデータアーカイブ等で公開されているデータで，関心のあるクロス分類表を作成し，それをRやl_{EM}で分析することも可能だろう。リモート集計システムから（多次元）クロス分類表を作成してもよい。最終的には，読者自身の研究テーマに適用してもらいたい。単純なクロス分類表からは見えてこない連関の構造や水準，行変数や列変数間の関連などが明らかになるだろう。

　本書の特徴についてはまだまだ書き足りないところであるが，あとはサポートページで補いたい。

　最後に，このような機会を与えていただいた編集委員の渡辺美智子先生と三輪哲先生に感謝申し上げます。教育機会の不平等や社会移動の分析手法を理解する上での必読書である本書の翻訳に携わることができ，心から嬉しく感じています。また，共立出版社の菅沼正裕さんに感謝申し上げます。本書の内容がより正確かつわかりやすくなりました。そして，私からの質問に快く答えてくれるだけでなく，日本語版への序文を執筆してくれた Raymond Sin-Kwok Wong 教授に厚く御礼申し上げます。

2023 年 8 月

藤原　翔

参考文献

Agresti, Alan. (1996). *Introduction to Categorical Data Analysis*, NJ: Wiley & Sons.　(渡邉裕之・菅波秀規・吉田光宏・角野修司・寒水孝司・松永信人訳，(2003). カテゴリカルデータ解析入門，サイエンティスト社)

Agresti, Alan. (2007). *Introduction to Categorical Data Analysis, 2nd Edition*, NJ: Wiley.

Agresti, Alan. (2013). *Categorical Data Analysis, 3rd Edition*, NJ: Wiley.

近藤博之. (2001). 「オッズ比の変化をどう読むか」『理論と方法』*16*(2): 245-252.

Friendly, Michael, & David Meyer. (2016). *Discrete Data Analysis with R: Visualization and Modeling Techniques for Categorical and Count Data*. Boca Raton, FL: Chapman & Hall/CRC.

Hout, Michael. (1983). *Mobility Tables*. CA: Sage.

Kateri, Maria. (2014). *Contingency Table Analysis: Methods and Implementation Using R.* New York: Birkhäuser.

Powers, Daniel, & Yu Xie. (2008). *Statistical Methods for Categorical Data Analysis, 2nd Edition.* UK: Emerald.

佐藤俊樹. (2000). 不平等社会日本：さよなら総中流, 中央公論新社.

太郎丸博. (2005). 人文・社会科学のためのカテゴリカル・データ解析入門, ナカニシヤ出版.

原著シリーズ編者による内容紹介

　通常，社会調査や世論調査では，カテゴリ形式で回答するような質問を尋ねる。これらの回答カテゴリは，純粋に離散的なものであっても，順序のあるものであってもよい。Leo A. Goodman や Clifford C. Clogg などによって分析された，精神的健康状態と親の社会経済的地位 (SES) に関するマンハッタン・ミッドタウンデータ (the Midtown Manhattan data) という古典的なデータ表について考えてみよう[a]。

　学問的な出自にかかわらず社会科学者がこのようなデータを分析する一般的な方法は，精神的健康状態と親の SES という 2 つの要因（あるいは多元表であれば 2 つより多い要因）が関連しているかどうかを調べることである。または，統計学の用語でいえば，独立であるという帰無仮説が棄却できるかどうかを調べることである。どのような統計学のコースでも，ピアソンのカイ 2 乗検定や尤度比検定の利用方法が教えられているだろう。単に度数（次の表の括弧内の度数は期待度数）の表をじっと見ているだけではうまくいかないのである。i 行 j 列の観察度数 f_{ij} の期待値を F_{ij} とすると，独立な（親の SES と精神的健康状態には連関がない）モデルの下での F_{ij} は次式で与えられる。

---

[a]訳注：分析の再現については訳者によるサポートページを参照されたい。

親の SES	精神的健康状態			
	良好	軽度の症状	中程度の症状	重度の症状
A（高い）	64	94	58	46
	(48.5)	(95.0)	(57.1)	(61.4)
B	57	94	54	40
	(45.3)	(88.8)	(53.4)	(57.4)
C	57	105	65	60
	(53.1)	(104.1)	(62.6)	(67.3)
D	72	141	77	94
	(71.0)	(139.3)	(83.7)	(90.0)
E	36	97	54	78
	(49.0)	(96.1)	(57.8)	(62.1)
F（低い）	21	71	54	71
	(40.1)	(78.7)	(47.3)	(50.9)

$$F_{ij} = \frac{f_{i\cdot} f_{\cdot j}}{f_{\cdot\cdot}}$$

ここで，$f_{i\cdot}$ は i 行目についての各列の合計，$f_{\cdot j}$ は j 列目についての各行の合計，そして $f_{\cdot\cdot}$ は表全体の総計である。独立性の仮説を検定するために，ピアソンのカイ2乗統計量 χ^2 と尤度比統計量 L^2 を計算する。

$$\chi^2 = \sum_i \sum_j \frac{(f_{ij} - F_{ij})^2}{F_{ij}}, \quad L^2 = 2 \sum_i \sum_j f_{ij} \log\left(\frac{f_{ij}}{F_{ij}}\right)$$

これらの式を使えば，ピアソンのカイ2乗統計量は 45.985，尤度比統計量 L^2 は 47.418 という値が上の表から得られる。自由度は 15（つまり，行の数から1を引いた数と列の数から1を引いた数との積）であり，我々は独立であるという帰無仮説を通常の有意水準[b)]で棄却し，精神的健康状態と親の SES は互いに独立ではない，言い換えればそれらは何らかの形で連関している (associated)

と結論付ける。

　しかし，それらが何らかの形で連関していることはわかったとしても，**連関** (association) の形態を探るために利用できるすべての情報を使い切ってはいない。対数線形モデルの一種である連関モデルは，まさにこの目的のために設定されている。先ほど行われた検定は，主効果のみの対数線形モデルを推定することに等しい。一様連関モデル（線形・線形連関モデル[c]としても知られている）は，

$$\log F_{ij} = \lambda + \lambda_i^A + \lambda_j^B + \beta U_i V_j$$

である。ここで，右辺の項 $\lambda, \lambda_i^A, \lambda_j^B$ が対数線形モデルの主効果であり，2つの変数の2組の観察された得点（すなわち $U_i = 1, 2, 3, 4$ と $V_j = 1, 2, \ldots, 6$）の間の連関を捉える項 $\beta U_i V_j$ がある。ピアソンのカイ2乗統計量は 9.732，L^2 は 9.895 であり，自由度は 14 であった。したがって，パラメータ β のために自由度をたった1つ使うだけで，線形・線形連関が存在するという帰無仮説は保留される[d]。そろそろ読者は連関モデルの強力さを理解しただろう。

　連関モデルを自身の研究に応用しただけではなく，連関モデルの手法に関する論文にも貢献してきた主要な研究者の一人として，Raymond Wong はこのシリーズ[e]に紛れもなく重要な本を執筆した。彼は，先ほどの出発点から，行効果モデル，列効果モデル，行・列効果モデル，乗法行・列効果モデル，そして複数要因のあ

---

[b]訳注：通常は 5% 水準が用いられる。

[c]訳注：linear-by-linear association model は線形 × 線形連関モデルと訳されることもある。

[d]訳注：独立モデルはデータに適合しないが，一様連関モデルは十分にデータに適合し，かつ適合度は有意に改善されている（自由度1に対して，尤度比統計量 L^2 は 37.523 改善している）。表 2.4 も参照。

[e]訳注：原著が収められている Quantitative Applications in the Social Sciences（QASS）シリーズ（Sage）を指している。

る多元表に関する様々なモデルといった，さらに多くの種類の連関
モデルへと導いてくれる。

　上述の例では，任意に割り当てられた2組の得点間の連関を捉
えるために1つの項を含めたが，値はそのように固定される必要
はなく，モデルによって推定することもできる。こういった方法を
はじめ，我々の研究にとって大変興味深くそして有益な他の種類の
連関モデルについて学びたければ，案内人の Wong とともに，連
関モデルの不思議の国を巡る旅に出かけてみよう。それは Quanti-
tative Applications in the Social Sciences シリーズに追加された
唯一無二で必要不可欠な一冊である本書の中にある。

Tim F. Liao

（Quantitative Applications in the Social Sciences シリーズ編者）

原著まえがき

　十分に発展した分野における多くの作品と同様に，本書も長い構想期間を経ている。すでに膨大にある連関モデルの文献を前にし，当初，新たな貢献ができるところはほとんどないと考えていた。しかし，私自身の研究からこのようなモデルの利用方法について学び，発見するにつれ，クロス分類表の分析におけるこの特定の統計モデル族についての一貫した開発，統一，統合が必要であると認識するようになった。標準的な統計学の教科書では，連関モデルについての議論はほとんどない。もしあったとしても，ほとんどの社会科学的応用研究にとってより実際的な多次元クロス分類表ではなく，2元表[a]にのみ焦点を当てる傾向があり，説明はかなり限られている。そして，このような強力かつ倹約的なモデルの実践的な使用法に関する体系的な説明がないことも，講義で明らかになった。私が担当していたカテゴリカルデータ分析についての大学院の統計学コースを受講した学生からは，講義で取り上げられた他の洗練された統計モデルに比べ，連関モデルの教材がいかに難しいかについて度重なる苦情を受けており，私はこれに不満を感じていた。このような実に率直なフィードバックのおかげで，本書のアイディアが生まれた。

---

[a]訳注：2つの変数から作成されるクロス分類表。2次元分割表とも呼ばれる。

謝　辞

　カリフォルニア大学サンタバーバラ校や香港科技大学の大学院生には，この10年間，本書で扱う様々なトピックについて忍耐強くコメントを寄せてくれたことに感謝したい。また，QASSシリーズの編者であるTim Liaoの励ましやサポートにも感謝したい。2人の匿名の査読者には，批判的でありながらも有益なコメントや提案をいただいたことに感謝する。最後になったが，初期の原稿の間違いを指摘するだけでなく，Rのgnmモジュールを紹介してくれた香港科技大学でのティーチング・アシスタントであるRichard Poonに感謝したい。推定された連関パラメータの（漸近）標準誤差を報告しないというこの分野における一般的なやり方に長年不満をもっていたが，それが解消された。最後に，応援し，励まし，理解してくれた妻のMing-yanそして息子のHanweyに本書を捧げる。

　著者とSage社より，以下の査読者の貢献に深く感謝申し上げる。

Yu Xie（ミシガン大学[b]）

Kazuo Yamaguchi（シカゴ大学）

---

[b] 訳注：2010年原著出版当時。2023年現在はプリンストン大学に在籍している。

目　次

第1章

はじめに

多くの社会科学のデータは，クロス分類表の形式で整理されることが多い。例えば，社会学では教育と職業の関連のジェンダーや人種による違い，社会的ネットワーク内の友人関係のパターン，同類婚の国家間の差異や時間的な変化；地理学では都市近隣特性の時間的変化と州間や地域間の移住の流れの時間的変動；経済学ではグローバル経済システムにおける輸出入貿易の時間的トレンド；政治学では階級的地位，政党帰属意識，投票の関係についての長期的な変化；そして心理学では刺激認識と刺激般化に関する実験データなどがあげられる。これらの系統的な関連を探る上での実質的な関心は一見単純に見えるが，関連の意味や複雑さを解読し，解釈するのに適した統計ツールを用いることは，特に研究を始めたばかりの者にとっては困難な場合がある。

表形式で示された行変数と列変数の間の連関を捉えるために，過去に様々な試みが行われてきた。例えば，対象となっている変数が本質的に順序のあるものだと仮定し，Cramér の V，λ，Goodman-Kruskal の τ，Kendall の τ_b や τ_c，γ，Somers の D，Pearson の r，Spearsman の r，不確実性（エントロピー）測度，そして η など，数多くの順序的な連関の測定法が提案されてきた。しかし，これらのどの方法もオッズ比 (odds ratio)（あるいはそれらの対数変換）の自然変換となっていないだけでなく，望ましくないこと

に，すべてが周辺分布の情報も含んだものとなっている (Clogg & Shihadeh, 1994, p.19)。したがって，オッズ比が同じ表であっても，周辺度数が異なるときは，これらの連関の測定値が異なってしまう（オッズの計算とその特性の詳細については，Agresti (2002), Bishop et al. (1975), Fienberg (1980), Rudas (1997), および本書第 2 章を参照）。おそらくより重要なのは，特に行カテゴリの数や列カテゴリの数が多くなると，これらの連関についての単一の尺度が，クロス分類表の連関の程度を適切に表していない場合が多いということである。

　上記の記述的尺度を用いない別の戦略は，経験的に導き出され，したがって正式に検定が可能な，連関についての統計的尺度を開発することである。対数線形モデル (Bishop et al., 1975; Fienberg, 1980; Haberman, 1978) の開発により，複数のカテゴリカル変数や順序変数間の関連を理解するための重要な方法が得られた。しかし，多元表の場合や各変数のカテゴリ数が多くなった場合には，それを読み解くためにはあまりにも多くのパラメータがあるため，構造化されていない交互作用[a]パラメータの解釈という作業はかなり大変なものとなる（カテゴリカルデータ分析における対数線形モデルの活用について，専門用語を使わずに洞察に富んだ紹介をしている Goodman (2007) を参照）。Leo A. Goodman, Clifford C. Clogg, Otis Dudley Duncan およびその共同研究者による先駆的な研究により，現在ではこのような分析に適した多くのレパートリーの統計モデル，特に**連関モデル** (association models) が存在する。連関モデルは社会階層の研究者によって，特に社会移動や同類婚の研究[b]（いくつか例をあげるならば，Breen, 2004; Grusky &

---

[a]訳注：interaction は相互作用と訳される場合もあるが，本書では交互作用で統一した。

[b]訳注：一般に社会移動の分析では親と子どもの職業カテゴリの連関（世代

Hauser, 1984; Hout, 1988; Smits, et al., 1998, 2000; Wong, 1990, 1992, 2003b; Xie, 1992; Yamaguchi, 1987) で広く使用されてきたが, このような方法は他の社会科学の分野ではあまり普及していない。重要な統計的そして定式化に関してなされた貢献のほとんどが技術的専門誌に散在しており, それらの解説が単純な2元表にもっぱら焦点をおいたものであったことがその理由の1つである。Clogg & Shihadeh (1994) と Wong (2001) を除けば, 連関モデルの**族** (family) を, 単一の首尾一貫した枠組みに統合するための体系的な努力は行われてこなかった。

　本書は, この重大な溝を埋める試みである。本書は, オッズ比の基底となる構造 (underlying structure) を詳細に調べる連関モデルについての丁寧な解説を通じて, クロス分類表の形式で整理された社会科学データや自然科学データを分析し, 理解するための包括的で統一的な枠組みを示す。回帰分析や一般化線形モデルについての一般的な知識をもつ読者であれば, 本書で扱う題材を理解することは難しくない。対数線形モデルに関する知識があることは望ましいが, 必須ではない (Agresti, 2002; Fienberg, 1980; Powers & Xie, 2000)。QASS シリーズですでに刊行されているいくつかの他の著書, すなわち, David Knoke & Peter Burke (1980)『対数線形モデル』(Log-Linear Models), Michael Hout (1983)『移動表』(Mobility Tables), Masako Ishii-Kuntz (1994)『順序ログリニアモデル』(Ordinal Log-Linear Models), そして Tamas Rudas (1997)『分割表分析におけるオッズ比』(Odds Ratios in the Analysis of Contingency Tables)[c] の自然な延長線上にあるものとして, 本書を位置付けることができる。これらを並行して読むことも有益

　　間移動）や初職と現職の職業カテゴリの連関（世代内移動）を, 同類婚の
　　分析では夫と妻の学歴カテゴリや職業カテゴリなどの連関を明らかにする。
[c]訳注：本書編集時点ですべて未訳。

だろう。

　本書は次のような構成になっている。第 2 章では特に 2 元表の分析で有用な，複数の連関モデルについて概観する。また，理解を助けるために，この章では様々な連関モデルの特定化の基底にあるオッズ比の構造や，それらの体系的な相互関連について重点的に扱う。複数年の「**総合的社会調査**」(General Social Survey, GSS) から作成された表の公開データ (Davis et al., 2007) を用い，2 つの例を示して第 2 章は締めくくられる。複雑な表の分析の基礎を成す 2 元表の分析方法について，徹底的に議論を行った後，本書の残りの部分では多次元表や多元表の分析を扱う。特に，多元表の**多次元連関** (multidimensional association) **モデル** (Wong, 2001) として一般的に分類される統計モデルは，多次元クロス分類の複雑な交互作用のパターンを分析する上で，極めて有用かつ柔軟性が高いことが明らかになる。

　第 3 章では，より高次の多次元表における条件付き独立モデルや部分連関モデルについて検討する。ここでは，3 次あるいはより高次の変数間の交互作用についてモデル化する必要はない。この章では，まず様々な 2 変数の交互作用パラメータを，より単純ではあるが実質的に解釈可能な要素へと分解する方法を検討し，そして 2 つの例を示して締めくくる。そこでは基底にある連関パターンについてさらなる洞察を得るために取り入れられたモデルを用いる。

　第 4 章では，2 変数と 3 変数の交互作用パラメータのどちらも無視できないような状況について分析する。統計的に強力な様々な層効果モデルの紹介に加えて，この章では複雑な連関パターンを理解するために，類似したいくつかの多次元連関モデルを紹介する。グループ化変数（ジェンダーと時間）に関する例と時間的変動に関する例という 2 つの例も，説明のために示される。

　第 5 章では，社会科学的応用研究における連関モデルの有効性

をさらに実証するために，2つの例を追加で示す。1つ目はすべて
の社会科学研究者が直面する，表における（行や列の）あるカテ
ゴリが統合できるかどうかについての問題である (Gilula, 1986;
Goodman, 1981c)。この問題は一見すると些細なことに思えるか
もしれないが，実証研究者によって頻繁に見過ごされてきた問題の
裏返しであり，付加的な考察を提供してくれる。それは行や列カテ
ゴリの不適切な統合によって，歪みやバイアスが生じることである
(詳細については Wong (2003b) を参照)。2つ目の例は，連関モデ
ルの他の活用可能性について紹介するものである。それは最適尺度
(optimal scaling) のための手段，つまり，多元表の基底にある連
関パターンから，カテゴリの尺度化を行う方法として活用すること
である (Clogg & Shihadeh, 1994; Smith & Garnier, 1987)。どち
らの例も，同じテーマに関する先行研究を用いて，それを拡張し，
発展させるものである。

　最後の第6章では，近年のカテゴリカルデータ分析の発展が，
多次元尺度連関モデルとどのように関係しているのかについて議
論する。

　なお，理解を深め分析手法の実践を促進するために，例として議
論されたすべての統計モデルについての入力ファイルと出力ファイ
ル（l_{EM}, GLIM, R で書かれている）は，Sage 社のウェブサイト
(www.sagepub.com/wongstudy) からダウンロード可能となってお
り，読者の助けとなるだろう。連関モデルについての体系的な説明
や実例が，読者にとって役立ち，これらを多元クロス分類表に関す
る自身の分析に適用できるのであれば幸いである。

第2章

2元表の連関モデル

　A を行変数，B を列変数とし，それぞれ I 個と J 個のカテゴリのある2元表から考えてみたい。分析では事前に従属変数と独立変数を区別する必要はないことに注意が必要であるが，ほとんどの場合，実証研究者は分析枠組みにおいてすでにこのような区別を行っているかもしれない。この2つ（あるいはそれ以上）の変数が互いにどのように関連しているのかを理解するためには，対数線形連関モデル (log-linear association model) または他の不飽和統計モデル (unsaturated statistical model) を用いるかどうかにかかわらず，これらはすべて分析対象となる表に埋め込まれたオッズ比を理解しようとするものである。この点を認識しておくことは重要である。大きな違いは基底にあるオッズ比の構造についての固有の定式化にある。観察度数と期待度数から得られる観察オッズ比と期待オッズ比を比較することによって，関連についてのより良い理解が可能となる。

2.1　基礎としてのオッズ比

　成功する確率を π，失敗する確率を $(1 - \pi)$ と定義すると，**オッズ** (odds) は $\Omega = \pi/(1 - \pi)$ と定義できる。例えば，$\Omega = 2$ の場合は，成功する確率は失敗する確率の2倍となる。逆に，$\Omega = 0.5$

の場合は，成功する確率は失敗する確
率の半分しかない。2×2 の 2 元表では，
各行に 1 つずつ，2 つのオッズ（Ω_1
と Ω_2）を求めることができる。2

	列 1	列 2	オッズ
行 1	π_{11}	π_{12}	Ω_1
行 2	π_{21}	π_{22}	Ω_2

つの行の Ω_1 と Ω_2 についての**オッズ比**は，$\theta = \Omega_1/\Omega_2 = (\pi_{11}/\pi_{12})/(\pi_{21}/\pi_{22}) = (\pi_{11} \times \pi_{22})/(\pi_{12} \times \pi_{21})$ と定義できる。ここで，π_{11}，π_{12}，π_{21}，π_{22} はセル確率の同時分布を示しており，セル確率の 1 つ目と 2 つ目の添え字はそれぞれ特定の行と列のセルを表している。θ はオッズ比あるいは交差積比 (Yule, 1912) として知られている。オッズ比が 1 列目と 2 列目から導かれたとしても，その値は同じである[a]ため，θ の定式化は対称的であることに注意されたい（詳細は Rudas (1997) を参照）。

どのような I 行 J 列の 2 元表にも，一般に $(I-1)(J-1)$ 個の一意なオッズ比がある。オッズ比の**完全な集合** (complete set) を計算するためには様々な方法があるが，

(1) 特定の行と列（例えば，最初の行と最初の列あるいは最後の行と最後の列）を基準として用いる方法
(2) 隣接する行と列を列挙して使用するという方法

の 2 つが一般的である。

例えば，行 i' と列 j' を基準として用いるならば，観察オッズ比の自然対数の完全な集合を，次のように簡潔に書くことができる。

$$\log \theta^*_{ij,i'j'} = \log f_{ij} + \log f_{i'j'} - \log f_{ij'} - \log f_{i'j} \qquad (2.1)$$

ここで f_{ij} はセル (i,j) の観察度数である。ただし，$i, i' = 1, 2, \ldots, I$ そして $j, j' = 1, 2, \ldots, J$ で，$i \neq i'$，$j \neq j'$ である。

---

[a]訳注：列からオッズ比を求めると，$(\pi_{11}/\pi_{21})/(\pi_{12}/\pi_{22}) = (\pi_{11} \times \pi_{22})/(\pi_{12} \times \pi_{21})$ となり，行からオッズ比を求めた場合と一致する。

一方で観察隣接オッズ比（あるいは観察局所オッズ比）の自然対数は次のように書くことができる。

$$\log \theta_{ij}^* = \log f_{ij} + \log f_{i+1,j+1} - \log f_{i+1,j} - \log f_{i,j+1} \qquad (2.2)$$

ここで $i = 1, 2, \ldots, I-1$ そして $j = 1, 2, \ldots, J-1$ である。

式 (2.1) と式 (2.2) から，$\log \theta_{ij,i'j'}^*$ は $\log \theta_{ij}^*$ の関数として表すことが可能であり，逆もまた同様に可能である。言い換えれば，この 2 つの定式化の下ではオッズ比の値は異なるが，2 元表では一意なオッズ比は $(I-1)(J-1)$ 個しかない。ここで注意すべきは，もし特定の行や列に定数をかけたとしても，式 (2.1) や式 (2.2) のオッズ比の完全な集合は影響を受けないということである。オッズ比は行変数と列変数の基底にある連関についての理解を与えてくれるため，この**周辺に対して不変** (marginal invariant) という性質が望ましい場合もある。例えば，社会移動に関する研究の場合，周辺分布が異なっていることは，それが異なる時点での職業または階級の分布を表していることから予想されるが，我々が関心を寄せるのはむしろ相対的な移動機会である。他の社会科学での実践では，特定の属性の個体やケースをオーバーサンプリングすることが一般的である。しかし，このような状況での表形式のデータの分析は，オッズ比がウェイト（重み）を付けた場合でも付けない場合であっても同じであるため，オーバーサンプリングの影響を受けない。

ある特定のモデルの下で，観察度数はそれに対応する期待度数に置き換えることが可能であり，期待オッズ比の対数の完全な集合は，$\log \theta_{ij,i'j'}$ または $\log \theta_{ij}$ のいずれかで表すことができる。ここでオッズ比は 0 から ∞ の範囲の非負の値をとることに注意しよう。したがって，オッズ比の自然対数は $-\infty$ と ∞ の間にある。$\theta_{ij} = 1$ あるいは $\log \theta_{ij} = 0$ の場合，それは変数 A と変数 B が独立であることを意味する。すでに述べたように，オッズ比は 2 つ

表 2.1　2 × 2 の表の仮想例

		監督・権限のある地位		
		部下あり	部下なし	合計
(A) 度数				
共産党員	党員	40	250	290
	非党員	160	3,000	3,160
	合計	200	3,250	3,450
(B) オッズ				
部下あり vs. 部下なし	党員	$40/250 = 0.160$		
	非党員	$160/3000 = 0.053$		
(C) オッズ比		$\dfrac{40 \times 3000}{250 \times 160} = 3$		

　のオッズの比としても解釈することができる。もし，オッズ比が 1 より大きい（または小さい）場合，1 つ目の結果（行 i）の列 j' に対する列 j のオッズのほうが，2 つ目の結果（行 i'）の列 j' に対する列 j のオッズよりも可能性が高い（または可能性が低い）ことを意味する。比が 1 の場合，両結果のオッズは同程度の可能性である。Agresti (2002, p.71) によれば，$\log \hat{\theta}_{ij}$ の標準誤差は次のように算出される。

$$\hat{\sigma} \left(\log \hat{\theta}_{ij} \right) = \left(\frac{1}{f_{ij}} + \frac{1}{f_{i,j+1}} + \frac{1}{f_{i+1,j}} + \frac{1}{f_{i+1,j+1}} \right)^{1/2} \quad (2.3)$$

　仮想的な 2×2 の表（表 2.1 を参照）を考えてみよう。ここでは，行変数が 1980 年代前半の中国における共産党の党員（党員／非党員）を表し，列変数が職場における監督的・権限のある地位（部下あり／なし）を表す。1 行目のオッズ $(40/250 = 0.16)$ が 1 未満であることから，中国共産党員であっても，部下のいない通常の地位に対して権限のある監督的な地位に就くオッズは高くない。職場には管理職・監督者よりも多くの労働者がいることを考えれば，これ

は予想されることである。同様に，2 行目の非党員のオッズも 1 未満であることが予想されるが，160/3000 = 0.053 は共産党員よりもはるかに低い水準である。オッズ比が 3 であることから，この数字は，中国の労働者は監督的でない地位で働く可能性が高いにもかかわらず，中国共産党員は非党員に比べて監督的あるいは権限のある地位に就く可能性が 3 倍高いことを示している。

2.2　独立／無連関 (*O*) モデル

　従来の 2 元表の対数線形モデリングでは，変数 *A* と *B* の間の独立性を仮定した基準モデルは，独立モデルまたは無連関 (*O*) モデルとして知られている。このモデルは，行変数 (*A*) と列変数 (*B*) の間の非依存性または無関連性を仮定する。ここでも，変数 *A* と変数 *B* からなるクロス分類表における観察セル度数と期待セル度数をそれぞれ f_{ij} と F_{ij} で表すとすると，独立モデルあるいは無連関モデルは次のように表すことができる。

$$\log F_{ij} = \lambda + \lambda_i^A + \lambda_j^B \tag{2.4}$$

ここで，λ は全体平均，λ_i^A は行周辺パラメータ，λ_j^B は列周辺パラメータを表し，$\sum_i \lambda_i^A = \sum_j \lambda_j^B = 0$ という正規化 (normalization) が施されているものとする。つまり，λ_i^A と λ_j^B は，全体平均からの周辺偏差であり，この正規化手順は効果コーディングとして知られている。他の正規化では，$\lambda_1^A = \lambda_1^B = 0$ となるようなダミーコーディングを使用することもある。後者の定式化では，最初の行と最初の列の周辺パラメータを基準として，他の λ_i^A や λ_j^B のパラメータの値は基準カテゴリからの偏差を表す。個々のパラメータ推定値は異なるが，どちらの正規化を採用しても，適合度統計量，自由度，期待度数は同じになる。このモデルの自由度は

$IJ - 1 - (I-1) - (J-1) = (I-1)(J-1)$ である。独立モデルで
は，（局所）オッズ比の対数がすべて0に等しいことが容易に示さ
れる。

$$\log \theta_{ij} = 0 \tag{2.5}$$

　もし独立モデルが真であれば，対数尤度カイ2乗統計量（L^2 ま
たは G^2）はカイ2乗分布に近似的にしたがう (Agresti, 2002,
p.78)。したがって，変数 A と変数 B の間に有意な連関があるか
どうかを明らかにするために，この統計量を使うことができる。も
し独立モデルがデータに適合しない場合は，行変数と列変数の間に
有意な交互作用または連関が存在し，完全交互作用 (Full interac-
tion: FI) モデル

$$\log F_{ij} = \lambda + \lambda_i^A + \lambda_j^B + \lambda_{ij}^{AB} \tag{2.6}$$

が好ましいと結論付けることができる。

　残念ながら，式 (2.6) の FI モデルは，残りのすべての $(I-1)(J$
$-1)$ の自由度を交互作用パラメータとして使用しているため，自
由度0の飽和モデル (saturated model) になる。行と列の変数間の
関連を理解するためには，交互作用モデルが適切かもしれないが，
特に行や列のカテゴリ数が多くなった場合に，解釈の必要なパラメ
ータの数が多く得られることになり，大きな問題を引き起こす可能
性がある。

　交互作用パラメータを注意深く分析すれば，データへの適合を十
分維持しつつ，そのようなパラメータの数を大幅に減らすことがで
きることもある。単純化のための1つの戦略は，類似した値をも
つパラメータを同一と見なすことや，統計的に有意でないパラメー
タを削除することである。しかし，そのようなアドホックな方法を
使用するのではなく，2元表の交互作用を適切に捉える体系的な方

法で，倹約的な (parsimonious) 不飽和モデルを開発するほうがよ
り望ましいだろう。また，中間的な（不飽和）モデルを求める実質的
な理由は別にある。つまり，我々の関心は，行変数と列変数の間に
連関があるかどうかではなく，基底にある連関のパターンや構造が
どのようなものかということにある。もちろん，示されたパターン
や構造が実質的に解釈可能であれば，さらに確信を強めることがで
きる。複数の表の分析[b)]で，この問題は特に顕著になる。というの
も，基底にある連関のパターンや構造は同じであるが，それぞれの
表が，その水準や尺度の違いによって，互いに異なることがあるか
らである。

例えば，位相 (topological) モデル，対角 (diagonal) モデル，交
差 (crossing) モデル（詳細については，Goodman (1979a, 1985)，
Hauser (1978)，Hout (1983) を参照）など，連関のパターンや構造
を調べるために利用可能なモデルは数多くある[c)]。紙幅の都合上，
本書では**連関モデル**として知られている特定のモデル族のみに焦点
を当てる。それは基底にある連関パターンをモデル化するための強
力かつ柔軟な方法を，連関モデルが提供するからである。実際，十
分に適合する様々な統計モデルの中で，連関モデルは，他の競合す
るモデルと比較して，関連についての倹約的かつ単純な解釈を提供
することが多い。さらに，これらの連関モデルは，社会科学におけ
る応用研究で特に有用な高次元クロス分類表の分析に，容易に拡張

[b)] 訳注：例えば，複数の国別の教育と職業の表がある。後に，行と列と層か
らなるクロス分類表として分析される。

[c)] 訳注：カテゴリ間の連関について完全交互作用を考えるのではなく，ある
特定のカテゴリ間に結びつきを仮定したモデル。例えば，職業移動表の場
合は，上層ノンマニュアルと下層ノンマニュアル間の移動が生じやすいこ
と，上層ノンマニュアルの移動が生じにくいこと，職業的地位の距離が離
れているほど移動が生じにくいことなどが，デザイン行列を使用して分析
される。

できる（詳細については後の章を参照）。

2.3　1 次元連関モデル

　連関モデル族は 2 つの特定化に沿って分類することができる。すなわち，関数形と次元（あるいは複雑度）の特定化である。前者は対数線形，対数乗法，あるいはそれらのハイブリッド形式があり，後者は 1 次元，2 次元，あるいは多次元がある。もちろん，対数線形と対数乗法の両方を組み合わせたハイブリッド形式は，定義上少なくとも 2 次元である。連関モデルは順序モデルと呼ばれることが多いが，名義尺度あるいは順序尺度のどちらの変数からなるクロス分類表にも適用可能である。言い換えれば，本書全体で議論されている連関モデル族は，名義・名義変数，名義・順序変数，順序・順序変数に対して一般的に適用可能である。一方で，連関モデルは，単調な関係を仮定すれば，真に順序的なモデルにすることができる。すなわち（観察された，あるいは，推定された）行や列のスコアが単調に増加または減少するという仮定である。これは，すべての観察された，あるいは，推定された行や列スコアが適切な順序になるように，順序または不等式の制約を課すことによって実現可能である (Agresti & Chuang, 1986; Agresti et al., 1987; Bartolucci & Forcina, 2002; Galindo-Garre & Vermunt, 2004; Ritov & Gilula, 1991)。このような制約を課すことについては，後のいくつかの例で説明する。

　連関モデルの様々な定式化間の主な違いを理解するためには，カテゴリの特定の順序付けの有無とカテゴリ間の特定の間隔の有無について，モデルが互いに異なっているということを認識することが重要である（Goodman, 1985；詳細は表 2.2 を参照）。例えば，行と列の両方の変数について，カテゴリに特定の順序付けと特定の

表 2.2 連関モデルにおけるカテゴリの順序付けと間隔に関する仮定

モデル	順序付けが不特定	順序付けが特定	
		間隔が不特定	間隔が特定
O	行・列	—	—
U	—	—	行・列
R	行	行	列
C	列	列	行
$R+C$	—	—	行・列
RC	行・列の一方か両方	行・列の一方か両方	—

出典：Goodman(1985, Table 4A)。

間隔がある場合，基底となる連関を記述する最も倹約的なモデルは一様連関 (U) モデルとなるだろう。ただし，対数線形行・列効果 ($R+C$) モデル，行効果 (R) モデル，列効果 (C) モデルもまた適切かもしれない。

　他方で，もしカテゴリの順序付けが特定できず間隔も特定できない場合は，対数乗法行・列効果 (RC) モデルが唯一の適切なモデルである。表 2.2 に示されているように，これら 2 つの条件の異なる組合せは，異なるモデルの特定化につながる。もしいくつかのモデルが満足のいく結果をもたらすのであれば，連関を理解するための最終モデルを選択する際に，モデルの精度 (model accuracy) と科学的倹約性 (scientific parsimony) の相対的な重要度の間で比較検討する必要がある。モデル選択に関する 2.7 節では，いくつかの一般的な戦略について説明する。さらに，表 2.2 に示されている関係から，これらのモデルが連関モデル族の要素である理由と互いの系統的な関係について理解できる。

2.3.1 一様連関 (U) モデル

　行変数と列変数の両方のカテゴリの順序付けと間隔が，既知の

場合または特定されている場合には，その連関を記述するために
自由度を 1 だけ使用する連関モデルを仮定できる。これは，一様
連関 (uniform association: U) モデル (Duncan, 1979; Goodman,
1979b) として知られている。U_i と V_j を行変数 (A) と列変数 (B)
についての固定した整数スコア，例えば $U_i = 1, \ldots, I$ と $V_j =
1, \ldots, J$ とする。一様連関 (U) モデルは，次のように定式化して
書くことができる。

$$\log F_{ij} = \lambda + \lambda_i^A + \lambda_j^B + \beta U_i V_j \tag{2.7}$$

ここで β は一様連関パラメータである。このモデルは，後で説明
する他の連関モデルとの関係を示すために，意図的にこの形式で記
述されていることに注意されたい。あらかじめ得られたスコアを用
いる場合，式 (2.7) は一般化された一様連関 (U^O) モデル (Good-
man (1986, 1991) を参照；詳細は Hout (1983)) として知られて
おり，これは Haberman (1978) の線形・線形 (linear-by-linear) 連
関モデルと同じである。このモデルの自由度は $(I-1)(J-1)-1 =
IJ-I-J$ である。簡単のために，ここでは固定した整数スコアが
代わりに使用されると仮定すると，隣接オッズ比は次のように単純
化することが可能である。

$$\log \theta_{ij} = \beta \left(U_{i+1} - U_i \right) \left(V_{j+1} - V_j \right) = \beta \tag{2.8}$$

これは，U モデルでは，連続する行は等間隔，連続する列も等間
隔であり，$U_{i+1} - U_i = V_{j+1} - V_j = 1$ となるためである。U_i と
V_j が固定した整数スコアでない場合は，式 (2.8) のように関係を
単純化することができないことに注意する必要がある。いずれの場
合も，もし U モデルと U^O モデルのいずれかがデータによく適合
する場合には，隣接オッズ比の完全な集合は，単一のパラメータ β
のみによって把握することが可能である。本書で議論されるすべて

の連関モデルの中で，U モデルは最も倹約的であり，同時に最も制約的でもある。

2.3.2　行効果 (R) モデル

列変数の順序付けと間隔がわかっており，固定した整数スコア (V_j) で表すことができる場合には，式 (2.7) は行効果 (row effects: R) モデルとなる。代数的には，行効果モデルは次のように書くことができる。

$$\log F_{ij} = \lambda + \lambda_i^A + \lambda_j^B + \tau_i^A V_j \tag{2.9}$$

($I-1$) 個の τ_i^A パラメータのみが識別可能であることに注意が必要である。すべての τ_i^A パラメータを一意に識別するために，$\tau_1^A = 0$ または $\sum_i \tau_i^A = 0$ のいずれかの制約を課すことができる。したがって，R モデルの自由度は $(I-1)(J-1) - (I-1) = (I-1)(J-2)$ である。このモデルが行効果モデルと呼ばれる理由は，行 i' に対する行 i についてのすべての隣接オッズ比が同一であり，行効果パラメータを順序付けして連関の強さの差を示すことができるためである[d]。隣接オッズ比は次のように表すことができ，上記の解釈をよりよく理解することができるだろう。

$$\log \theta_{ij} = \left(\tau_{i+1}^A - \tau_i^A\right)(V_{j+1} - V_j) = \tau_{i+1}^A - \tau_i^A \tag{2.10}$$

2.3.3　列効果 (C) モデル

行変数のみに固定した整数スコア (U_i) で表すことができる既知の順序と間隔がある場合，列効果 (column effects: C) モデルは次のように書くことができる。

---

[d] 訳注：表 2.5 の R モデルを参照するとよい。

$$\log F_{ij} = \lambda + \lambda_i^A + \lambda_j^B + \tau_j^B U_i \qquad (2.11)$$

　ここでも，一意に識別できるのは $(J-1)$ 個の τ_j^B パラメータの
みである。すべての τ_j^B パラメータを識別するために，$\tau_1^B = 0$ ま
たは $\sum_j \tau_j^B = 0$ のいずれかの制約を課すことができる。したがっ
て，C モデルの自由度は $(I-1)(J-1) - (J-1) = (I-2)(J-1)$
である。C モデルでは，隣接オッズ比は次のように記述できるた
め，列 j' に対する列 j についてのすべての隣接オッズ比は同一に
なる[e]。

$$\log \theta_{ij} = \left(\tau_{j+1}^B - \tau_j^B \right) \left(U_{i+1} - U_i \right) = \tau_{j+1}^B - \tau_j^B \qquad (2.12)$$

2.3.4　対数線形行・列効果 ($R+C$) モデル

　行変数と列変数の特定された間隔と順序付けを同時に最大限に活
用するために，列変数と行変数の特定された間隔を用いて，行効果
と列効果の両方を計算するモデルを特定することができる。このよ
うな特定化を使用する統計モデルは，行効果と列効果が対数加法的
であるため，対数線形行・列効果 (log-linear row and column ef-
fects: $R+C$) モデルとして知られている。このモデルが Goodman
(1979b) によって最初に定式化されたとき，それは RC 連関 I モデ
ルとして知られていた。これは性質上，対数乗法的である別の RC
連関 II モデルと対比されている。このような意味の区別は Good-
man による後の研究 (Goodman, 1985, 1986, 1991) では用いられ
ず，現在では $R+C$ モデルと RC モデルとして一般的に区別され
ている。後者の区別はその後も実証分析を行う人々の間では一般的
である。代数的には対数線形行・列効果 ($R+C$) モデルは，次のよ

---

[e] 訳注：表 2.5 の C モデルを参照するとよい。

うに書くことができる。

$$\log F_{ij} = \lambda + \lambda_i^A + \lambda_j^B + \tau_i^A V_j + \tau_j^B U_i \qquad (2.13)$$

前述の行効果 (R) モデルと列効果 (C) モデルとは異なり，式 (2.13) で，同時にかつ一意的に識別することができるパラメータ は

(a) $(I-1)$ 個の τ_i^A と $(J-2)$ 個の τ_j^B

(b) $(I-2)$ 個の τ_i^A と $(J-1)$ 個の τ_j^B

のいずれかであることに注意が必要である。前者の場合，$\tau_1^A = \tau_1^B = \tau_J^B = 0$ という制約を課すことができる。$\tau_1^A = 0$ の代わ りに $\sum_i \tau_i^A = 0$ という正規化も可能である。後者の場合，$\tau_1^A = \tau_I^A = \tau_1^B = 0$ という正規化によって，すべてのパラメータを一意 に識別することができる。同様に，$\tau_1^B = 0$ の代わりに $\sum_j \tau_j^B = 0$ という正規化を採用することも可能である。まとめると，$R+C$ モ デルは独立モデルに $I+J-3$ 個の追加のパラメータを使用してお り，自由度は $(I-2)(J-2)$ となる。

最後に，$R+C$ モデルは次のように書き直すことも可能である。

$$\log F_{ij} = \lambda + \lambda_i^A + \lambda_j^B + \beta U_i V_j + \tau_i^A V_j + \tau_j^B U_i \qquad (2.14)$$

式 (2.14) ですべての行効果と列効果パラメータを一意的に識別 するためには，$\tau_1^A = \tau_I^A = \tau_1^B = \tau_J^B = 0$ という正規化が必要 である。このように書くことで，U モデル，R モデル，C モデル，$R+C$ モデルはすべて互いに関連していることが明らかとなる。

式 (2.14) に基づけば，$R+C$ モデルの下での隣接オッズ比の対 数は次のように書くことができる。

$$\log \theta_{ij} = \beta \left(U_{i+1} - U_i \right) \left(V_{j+1} - V_j \right) + \left(\tau_{i+1}^A - \tau_i^A \right) \left(V_{j+1} - V_j \right)$$
$$+ \left(\tau_{j+1}^B - \tau_j^B \right) \left(U_{i+1} - U_i \right)$$
$$= \beta + \left(\tau_{i+1}^A - \tau_i^A \right) + \left(\tau_{j+1}^B - \tau_j^B \right) \tag{2.15}$$

　行変数と列変数の間に 1 対 1 の対応がある場合，つまり，同類婚や世代間移動に関する研究の場合のように，行と列のカテゴリの数が等しい正方表 (squared table) である場合，同じカテゴリの行効果パラメータ (τ_i^A) と列効果パラメータ (τ_j^B) を同等とする，さらに倹約的なモデルをつくることができる。後者は均等対数線形行・列効果（均等 $R+C$）モデルとして知られ，$I=J$ であることから自由度は $(I-1)(I-2)$ となる。均等 $R+C$ モデルは，基底にある連関が性質上対称的となるため，**準対称** (quasi-symmetry: *QS*) **モデル**の特殊な場合である。同様に，行と列のカテゴリ間で 1 対 1 の対応をもつ正方表の一様連関 (U) モデルもまた準対称 (*QS*) モデルである。

2.3.5 対数乗法行・列効果 (RC) モデル

　行カテゴリや列カテゴリの特定の順序付けと間隔について，明示的な仮定のあるこれまでの連関モデルとは異なり，本節で最後に紹介する 1 次元連関モデルは，そのような仮定が緩められている。その代わりに，このモデルは行と列の両方のスコアを，クロス分類表に見られる連関パターンから経験的に導く。行と列のスコアパラメータは，対数双線形 (log-bilinear) または対数乗法 (log-multiplicative) の形式で互いに関連していると仮定される (Andersen, 1980, 1991; Goodman, 1979b, 1981b, 1985; Haberman, 1981)。RC モデルは代数的に次のように表すことができる。

$$\log F_{ij} = \lambda + \lambda_i^A + \lambda_j^B + \phi\mu_i\nu_j \tag{2.16}$$

これは，$\sum_i \mu_i = \sum_j \nu_j = 0$ と $\sum_i \mu_i^2 = \sum_j \nu_j^2 = 1$ という正規化制約が課される (Goodman, 1979b)。これらの制約はそれぞれ中心化 (centering) 制約と尺度化 (scaling) 制約として知られている。$R + C$ モデルと同様に，RC モデルの自由度は $(I-2)(J-2)$ である。

上記の制約からは，行スコアパラメータ (μ_i) および列スコアパラメータ (ν_i) に対して，重み付けのないまたは単位標準化された解が得られる。モデルを識別するために，別の正規化制約も使用できる。例えば Goodman (1981b) は，RC モデルを正準相関 (canonical correlation) アプローチと関連付けるために，行と列のスコアをその周辺の重み (marginal weights) で重み付けすることを提案した[f]。つまり，$\sum_i \mu_i P_{i\cdot} = \sum_j \nu_j P_{\cdot j} = 0$，そして $\sum_i \mu_i^2 P_{i\cdot} = \sum_j \nu_j^2 P_{\cdot j} = 1$ である。ここで $P_{i\cdot}$，$P_{\cdot j}$ はそれぞれ行と列の周辺確率であり，得られる行と列のスコアパラメータは**周辺で重み付けした解** (marginal-weighted solutions) を表す。また，$\mu_1 = 1$，$\mu_I = I$，$\nu_1 = 1$，$\nu_J = J$ という別の制約を課し，RC モデルを識別することも可能である。単一の表の分析では，異なる制約を適用しても，結果の解釈に大きな影響はないことに注意されたい。しかし，特に（複数の）グループ化変数のある多元クロス分類表を分析する場合，ウェイト（乗率）の選択によってまったく異なる結果となる可能性がある。Clogg らの助言にしたがうと，比較を容易にするためには，単位標準化された重みを採用することがより好ましい (Becker & Clogg, 1989; Clogg & Rao, 1991; Clogg & Shihadeh, 1994)。

---

[f]訳注：正準相関スコアを x_i と y_j とすると $\sum_i x_i P_{i\cdot} = 0$，$\sum_i x_i^2 P_{i\cdot} = 1$，$\sum_j y_j P_{\cdot j} = 0$，$\sum_j y_j^2 P_{\cdot j} = 1$ という制約がある。

　RC モデルにおける行スコアと列スコア（μ_i と ν_j）は，「2 変量正規スコア」(bivariate normal scores) という観点からも，行と列の変数間の内的連関を最大化するという観点からも捉えることができる。後者の解釈により，ϕ は内的連関パラメータ (intrinsic association parameter) として知られており，行と列のスコアパラメータが両方とも 1 単位の大きさであるときの連関の強さを示す。Pearson の相関係数 (r) などの他の統計的尺度とは異なり，ϕ の値は常に 0 より大きく，上限はない（すなわち $0 < \phi < \infty$）[1]。

　おそらく，RC モデルの最も重要な特性は，行や列をどのように交換しても，推定されたスコアパラメータの値に影響を及ぼさないことである。この望ましい特性は，研究者がカテゴリの正確な順序や間隔がわからない場合に，事後的にカテゴリの順序付けと間隔を得ることができることを意味する。同様に，行変数と列変数の間に 1 対 1 の対応がある場合，すべての $i = j$ について $\mu_i = \nu_j$ という制約を課すことによって，均等対数乗法行・列効果（均等 RC）モデルを推定することもできる。均等 $R + C$ モデルと同様に，均等 RC モデルは自由度が $(I - 1)(I - 2)$ であり，QS モデルの特殊なケースである。

　各変数のカテゴリの内的な順序付けは，対象となる変数の同時分布のパターンにおける順序付けによって決定されることに留意されたい。正確な順序は，関連度の高いまたは適切な（いくつかの）変数の選択に依存する。したがって，例えば，列変数として異なる変数を選択することで行変数の順序付けが異なる可能性や，その逆の可能性もまた同様にあるので，「内的」順序付けではなく，「外的」

---

[1] 一意に識別されるのは積（$\phi\mu_i\nu_j$）であるため，ϕ の符号の識別には多少の恣意性がある。混乱を減らし，ブートストラップ標準誤差の計算を容易にするために，内的連関（ϕ）は正の値として定義されるが，推定された行スコア（μ_i）と列スコア（ν_j）の符号はそれに応じて変更される。

(extrinsic) または「偶発的」(contingent) 順序付けと表現するほうがより適切かもしれない (Goodman, 1987, p.530)。

式 (2.16) を次のように書き直すこともできる。

$$\log F_{ij} = \lambda + \lambda_i^A + \lambda_j^B + \mu_i^* \nu_j^* \tag{2.17}$$

ここで $\mu_i^* = \phi^\gamma \mu_i$ と $\nu_j^* = \phi^\delta \nu_j$ であり，γ と δ は和が 1 である任意の数である。つまり，

$$\gamma + \delta = 1 \tag{2.18}$$

である。

この再定式化では，μ_i^* または ν_j^* のいずれかに 1 つの尺度化制約のみが必要であることに注意してほしい。γ と δ がともに 0.5 のとき，μ_i^* と ν_j^* はそれぞれ調整済み行スコアと調整済み列スコアとして知られており，統計パッケージの CDAS[g] や l_{EM} で通常出力されるものである。これらの再特定化は RC タイプのモデルをグラフで示すのに有用である（詳細は後述の図 4.1 や 4.2 を参照）。

RC モデルでの期待隣接対数オッズ比は，次のような構造になる。

$$\log \theta_{ij} = \phi \left(\mu_{i+1} - \mu_i \right) \left(\nu_{j+1} - \nu_j \right) \tag{2.19}$$

これまでの連関モデルと比較すると，ここから読み取れる期待オッズ比の構造はより複雑である。μ_i と ν_j は両方ともパラメータであるので，式 (2.19) における積の項はこれ以上単純化できない。$R+C$ モデルの U_i，V_j と RC モデルの μ_i，ν_j との主な違いは，前者が固定した（整数）スコアを割り当てて使用するのに対し，後者は経験的データから推定したスコアパラメータを採用するところに

---

[g] 訳注：Scott Eliason によって作成された Categorical Data Analysis System というプログラムの略。

ある。

　RC モデルは対数乗法的な性質があるため，すべての連関パラメータ (ϕ, μ_i, ν_j) を推定するために，ニュートンの1次元アルゴリズムによる反復計算が提案されている (Becker, 1990; Clogg, 1982a; Goodman, 1979b)。各反復サイクルで，この手続きはパラメータの1つのセット（例えば，μ_i）を推定し，他のセット（例えば，ϕ と ν_j）は固定スコアとして処理する。この手続きから，現在とその前のサイクルから得られた推定値（尤度比検定 (likelihood ratio test: LRT) 統計量またはパラメータ推定値）の差が，事前に指定された小さな収束基準よりも小さくなったときに，最尤推定値が得られる。一般化非線形モデル (Turner & Firth, 2007ab) を推定するための gnm パッケージが近年 R に導入され，修正または安定化されたニュートン・ラフソンアルゴリズムを用いて連関パラメータとそれらの漸近標準誤差の両方を同時に推定することが可能となった（以下も参照せよ：Aït-Sidi-Allal et al., 2004; Gilula & Haberman, 1986; Haberman, 1979, 1995）。特に断らない限り，本書に掲載されているすべての連関パラメータの標準誤差は R から直接得られたものである。それらのパラメータ推定値は，まず l_{EM} で推定し，R によって確認している。gnm モジュールの制約のために，標準誤差を直接得ることができない場合は，代わりにブートストラップ標準誤差が示される。

　以上の議論から，O モデル，U モデル，R モデル，C モデル，$R + C$ モデル，RC モデル（そして次節で示されるより複雑な連関モデル）の間には系統的な関係があることがわかる。Goodman (1981ab, 1985, 1991) によれば，RC 連関モデルは，離散化された2変量正規分布の近似として扱うことができ，一方，U モデルは，離散化された2変量正規分布が，最初と最後の行間隔そして最初と最後の列間隔を除いて，等しい大きさの行間隔と等しい大きさの

列間隔を有する場合に使用することができる。この解釈は，重み付けのない連関モデルではなく，周辺重み付けが使用される場合に特に当てはまる。

2次元あるいはより高次元の連関モデルを検討する必要がないと仮定すると，モデリングの一般的なアプローチは，自由度に対する上記のモデルの適合度統計量を比較することである。尤度比検定の手順によれば，2つの（入れ子になった）モデルの適合度統計量の差は，2つのモデルの自由度の差に等しい自由度で，漸近的にカイ2乗分布にしたがう。また，カイ2乗統計量を分解することで，実証研究者は連関分析 (analysis of association: ANOAS) 表を作成し，各要素の相対的寄与度（一様連関，行効果，列効果，行・列効果）を理解することができる。この分解アプローチについての詳細は，本書の例に見ることができる。興味のある読者は，Goodman (1979b, 1981a) や Clogg & Shihadeh (1994) を参照することで，同様の分解アプローチを学ぶことができる。

2.4 2次元連関モデル

先ほど見た1次元連関モデルのいずれもデータにうまく適合しない場合，追加の交互作用項を組み込むことによってモデルの複雑性を高めることができる。連関モデルの枠組みでは，一般に2つのオプションが利用可能である。連関構造は，対数線形要素または対数乗法要素のいずれかによって把握できるので，1つの選択肢は両方の要素を一緒に組み合わせることであり，4つの特定の2次元連関モデル ($U + RC$, $R + RC$, $C + RC$, $R + C + RC$) が得られる。これらはハイブリッドモデルであるが，Wong (1990, 1992) によって紹介されたモデルとは異なる。Wong のモデルでは，行変数と列変数の連関を調べる際に，垂直的効果と非垂直的効果の両方を

組み込んでいる。もうひとつのオプションは，単純に RC モデル
にもうひとつ別の次元を追加することであり，RC(2) モデルが得
られる。どちらを選択するかは，理論的であると同様に経験的なも
のであり，相対的な適合度，理解の容易さ，実質的な解釈に依存す
ることを強調しておく必要がある。

2.4.1　$U + RC$ モデル

　最初の 2 次元連関モデルは 2 つの要素を統合したものである。
つまり，一様連関 (U) と対数乗法行・列効果 (RC) を 1 つのモデ
ルに統合する。結果として得られる $U + RC$ モデルは，次のよう
に書くことができる。

$$\log F_{ij} = \lambda + \lambda_i^A + \lambda_j^B + \phi_1 U_i V_j + \phi_2 \mu_i \nu_j \tag{2.20}$$

　これが 2 次元連関モデルであることを強調するために，一様連
関パラメータは β_1 ではなく ϕ_1 と表記され，RC 要素の内的連関
パラメータは ϕ_2 と表記されていることに注意が必要である。通
常，μ_i と ν_j を一意に識別するためには，中心化制約と尺度化制約
の両方が必要である。このモデルの自由度は $IJ - 2I - 2J + 3$ で
あり，隣接オッズ比の対数は次の 2 つの要素から構成される。

$$\log \theta_{ij} = \phi_1 + \phi_2 (\mu_{i+1} - \mu_i)(\nu_{j+1} - \nu_j) \tag{2.21}$$

　$U + RC$ モデルの適合度統計量を U モデルや RC モデルの適合
度統計量と比較することで，連関について次元を増やす必要が本
当にあるのかどうかを評価することができる。この比較により，式
(2.20) の各要素の相対的寄与度を精査し，連関の主要な次元が，性
質上，対数線形的であるか対数乗法的であるかの評価もできる。

2.4.2 $R + RC$ モデル

単一の一様連関パラメータを使用する代わりに，それを行効果パラメータ (R) で置き換えることができる。このとき固定された整数の列スコア (V_j) を用いる。これは少し複雑なハイブリッドモデルとなり，$R + RC$ モデルは次のように書ける。

$$\log F_{ij} = \lambda + \lambda_i^A + \lambda_j^B + \tau_i^A V_j + \phi_2 \mu_i \nu_j \qquad (2.22)$$

ここで，τ_i^A は行効果パラメータである。1 次元の場合とは異なり，すべての τ_i^A パラメータを識別するためには 2 つの制約が必要となる（例えば，$\tau_1^A = \tau_I^A = 0$）。他方，μ_i および ν_j の両方を識別するためには，先ほどと同じく中心化と尺度化の制約が必要とされる。したがって，モデルの自由度は $(I-2)(J-2) - (I-2) = (I-2)(J-3)$ である。このモデルの適合度統計量を単純な 1 次元モデルと比較することで，より複雑な定式化が実際にデータと合致するかどうかを評価できる。両要素が我々の理解に大きく貢献するのであれば，単純ではあるが誤った定式化よりも，複雑なモデルのほうが好ましい。最後に，隣接オッズ比の対数は，対数線形要素と対数乗法要素の 2 つから構成されていることがわかる。

$$\log \theta_{ij} = \left(\tau_{i+1}^A - \tau_i^A \right) + \phi_2 \left(\mu_{i+1} - \mu_i \right) \left(\nu_{j+1} - \nu_j \right) \qquad (2.23)$$

2.4.3 $C + RC$ モデル

式 (2.22) で行効果があると仮定する代わりに，列効果 (τ_j^B) と固定された整数の行スコア (U_i) でそれを置き換えることができる。結果として得られるモデルは $C + RC$ モデルになる。すなわち次のようになる。

$$\log F_{ij} = \lambda + \lambda_i^A + \lambda_j^B + \tau_j^B U_i + \phi_2 \mu_i \nu_j \qquad (2.24)$$

ここでも，すべての τ_j^B パラメータを識別するためには，2 つの制約（例えば，$\tau_1^B = \tau_J^B = 0$）が必要であり，モデルの自由度は $(I-2)(J-2) - (J-2) = (I-3)(J-2)$ となる。同様に，隣接オッズ比の対数は，対数線形要素と対数乗法要素の両方からなる。つまり，次のようになる。

$$\log \theta_{ij} = \left(\tau_{j+1}^B - \tau_j^B \right) + \phi_2 \left(\mu_{i+1} - \mu_i \right) \left(\nu_{j+1} - \nu_j \right) \qquad (2.25)$$

各要素の相対的な寄与度は，ANOAS 分解アプローチを使用し，より低次の対応するモデルとの比較から得られる。

2.4.4 $R + C + RC$ モデル

もうひとつのハイブリッドな定式化は，対数線形行・列効果 $(R+C)$ と対数乗法行・列効果 (RC) の両方を組み込んでいる。結果として得られる $R + C + RC$ モデルは次のように書くことができる。

$$\log F_{ij} = \lambda + \lambda_i^A + \lambda_j^B + \phi_1 U_i V_j + \tau_i^A V_j + \tau_j^B U_i + \phi_2 \mu_i \nu_j$$
$$\qquad (2.26)$$

対数線形行・列効果パラメータを一意に識別するためには，τ_i^A パラメータあるいは τ_j^B パラメータのいずれかにもう 1 つの制約を追加する必要がある。例えば，$\tau_1^A = \tau_2^A = \tau_I^A = \tau_1^B = \tau_J^B = 0$ あるいは $\tau_1^A = \tau_I^A = \tau_1^B = \tau_2^B = \tau_J^B = 0$ とする。したがって，モデルの自由度は $(I-1)(J-1) - (I+J-5) - (I-2) - (J-2) - 1 = (I-3)(J-3)$ である。隣接オッズ比の対数は次のような構造となる。

$$\log \theta_{ij} = \phi_1 + \left(\tau_{i+1}^A - \tau_i^A \right) + \left(\tau_{j+1}^B - \tau_j^B \right)$$
$$+ \phi_2 \left(\mu_{i+1} - \mu_i \right) \left(\nu_{j+1} - \nu_j \right) \qquad (2.27)$$

2.4.5 $RC(2)$ モデル

最後の 2 次元連関モデルは，対数線形要素を削除し，それをもう 1 つの対数乗法要素に置き換えたものである。これは $RC(2)$ モデルとなり，括弧内の値は対数乗法要素の次元数を表す。このモデルは次のように表すことができる。

$$\log F_{ij} = \lambda + \lambda_i^A + \lambda_j^B + \phi_1 \mu_{i1} \nu_{j1} + \phi_2 \mu_{i2} \nu_{j2} \qquad (2.28)$$

そして隣接オッズ比の対数は，次のような構造になる。

$$\log \theta_{ij} = \phi_1 \left(\mu_{i+1,1} - \mu_{i1} \right) \left(\nu_{j+1,1} - \nu_{j1} \right)$$
$$+ \phi_2 \left(\mu_{i+1,2} - \mu_{i2} \right) \left(\nu_{j+1,2} - \nu_{j2} \right) \qquad (2.29)$$

$R+C+RC$ モデルと同様に，自由度は $(I-3)(J-3)$ である。行と列の両方のスコアパラメータ $(\mu_{i1},\ \mu_{i2},\ \nu_{j1},\ \nu_{j2})$ に対する中心化と尺度化の制約，つまり，これらすべてについて合計が 0 で平方和が 1 であるという制約に加えて，すべてのパラメータを一意に識別するためには，追加の次元間制約 (cross-dimensional constraints) が必要である。それらは次のとおりである。

$$\sum_{i=1}^{I} \mu_{i1} \mu_{i2} = \sum_{j=1}^{J} \nu_{j1} \nu_{j2} = 0 \qquad (2.30)$$

言い換えれば，ベクトル $\boldsymbol{\mu_{i1}}$ と $\boldsymbol{\mu_{i2}}$ は正規直交基底 (orthonormal basis) を形成し，それは $\boldsymbol{\nu_{j1}}$ と $\boldsymbol{\nu_{j2}}$ についても同様である。行と列のカテゴリの間に 1 対 1 の対応がある場合，例えば，第 1 次元のみにすべての $i = j$ について $\mu_{i1} = \nu_{j1}$ の制約を課すように，両次元における行と列のスコアのすべてではないにしてもいくつかに等値制約を課すことは興味深いかもしれない。もちろん，行と列のスコアが等しいという制約が両次元で課された場合，基底にある連関パターンは対称的になり，QS モデルと考えることができる。

　もし $[\mu_{i1}, \nu_{j1}]$ と $[\mu_{i2}, \nu_{j2}]$ の代わりに，先験的に固定された行ス
コアと列スコア $[U_{i1}, V_{j1}]$ と $[U_{i2}, V_{j2}]$ の 2 つのセットを使用する
と，モデルは $U_1^O + U_2^O$ と表すことができる。これは Hout
(1984) によって開発された SAT（status, autonomy, and train-
ing：地位・自律性・訓練）モデルと非常に似ているが，Hout の
定式化はさらに複雑である[h]。後者は，実際には 3 次元あるいは
より高次元であり，対角セルへの付加的な効果を含む。これまでの
説明から明らかなように，この $U_1^O + U_2^O$ は，$RC(2)$ モデルまたは
次節で説明する $RC(M)$ モデルの特殊なケースである。$RC(2)$ モ
デルは次元間制約を必要とするため，読者の中にはハイブリッドモ
デルのほうを好む人もいるかもしれない。なぜなら，次元間制約の
オプションが組み込まれている統計パッケージがわずかしかないの
に対し，ハイブリッドモデルによる推定は標準的な統計パッケージ
から容易に可能だからである。それにもかかわらず，カテゴリに先
験的に順序付けを行うことを望まず，事後的にスコア推定値を得る
ことに関心がある場合，$RC(2)$ モデルは依然として魅力的である。
さらに，多元表について第 4 章で説明するように，特殊な状況下
では，複雑な特定化のある $RC(2)$ モデルや関連したモデルの中に
は，次元間制約を課す必要がないものもある。

---

[h]訳注：Hout (1984) の SAT モデルは次の通り。

$$\log F_{ij} = \lambda + \lambda_i^A + \lambda_j^B + \phi_1 S_i S_j + \phi_2 A_i A_j + \delta_1 D_i S_i^2 + \delta_2 D_i A_i^2$$
$$+ \delta_3 D_i T_i$$

ここで，S_i は職業 i の Duncan の社会経済指標 (SEI)，A_i は職業 i の自
律性スコア，T_i は職業 i の訓練スコアである。$S_i S_j$ と $A_i A_j$ は移動に対
する地位と自律性の効果を，D_i は $i = j$ の場合に $D_i = 1$，そうでない場
合に $D_i = 0$ となり，$D_i S_i^2$，$D_i A_i^2$，$D_i T_i$ はそれぞれ非移動に対する地
位，自律性，訓練の効果を捉えるために設定されている。このモデルをさ
らに学歴別に適用することで，学歴が高いほど地位の効果 (ϕ_1) が弱まると
いう重要な発見がなされ，その後多くの研究が蓄積されている。

2.5 多次元 $RC(M)$ 連関モデル

ハイブリッドモデルを，3次元またはより高次元の連関モデルに定式化することは可能であるが，その代わりに $RC(2)$ 連関モデルを M 次元に一般化するほうがおそらくより洞察に富むだろう (Clogg & Shihadeh, 1994; Goodman, 1985)[2]。一般に，多次元 $RC(M)$ 連関モデルは，次のように表すことができる。

$$\log F_{ij} = \lambda + \lambda_i^A + \lambda_j^B + \sum_{m=1}^{M} \phi_m \mu_{im} \nu_{jm} \qquad (2.31)$$

ここで，$0 \leq M \leq \min(I-1, J-1)$ である。$0 < M < \min(I-1, J-1)$ のとき，モデルは不飽和であり，自由度は $(I-M-1)(J-M-1)$ となる。$M = \min(I-1, J-1)$ のとき，モデルは飽和モデルまたは FI モデルとなる。$M = 0$ のとき，独立モデルまたは無連関 (O) モデルに等しい。すべての行と列のスコアを識別するには，中心化，尺度化，そして次元間の制約が必要である。例えば，次の次元間制約が必要となる。

$$\sum_{i=1}^{I} \mu_{im} \mu_{im'} = \sum_{j=1}^{J} \nu_{jm} \nu_{jm'} = 0 \qquad (2.32)$$

ここで $m \neq m'$ である。別の方法として，次のように，尺度化制約と次元間制約をより簡潔に書くこともできる。

$$\sum_{i=1}^{I} \mu_{im} \mu_{im'} = \sum_{j=1}^{J} \nu_{jm} \nu_{jm'} = \delta_{mm'} \qquad (2.33)$$

---

[2] 例えば，RC 要素に加えて，Kateri et al. (1998) は，一連の多次元 U, R, C, $R+C$ パラメータを直交多項式 (orthogonal polynomials) を用いて定式化している。

ここで，$\delta_{mm'}$ はクロネッカーのデルタ (Kronecker delta)[i]である (Becker, 1990; Becker & Clogg, 1989; Goodman, 1985)。この特定化の下での隣接対数オッズ比の完全な集合は，次のような構造となる。

$$\log \theta_{ij} = \sum_{m=1}^{M} \phi_m \left(\mu_{i+1,m} - \mu_{im} \right) \left(\nu_{j+1,m} - \nu_{jm} \right) \qquad (2.34)$$

一般性を失うことなく，$\phi_1 \geq \phi_2 \geq \cdots \geq \phi_M \geq 0$ のように内的連関パラメータを配置し直すことができる。

あるいは，式 (2.31) を次のように書き換えることもできる。

$$\log F_{ij} = \lambda + \lambda_i^A + \lambda_j^B + \sum_{m=1}^{M} \mu_{im}^* \nu_{jm}^* \qquad (2.35)$$

ここで，$\mu_{im}^* = \phi_m^\gamma \mu_{im}$，$\nu_{jm}^* = \phi_m^\delta \nu_{jm}$，$\gamma + \delta = 1$ である。式 (2.35) の μ_{im}^* と ν_{jm}^* を識別するための正規化は，少なくとも 3 つある。それらは次のとおりである。

(a) 行を主とする正規化 (row principal normalization)

$$\mu_{im}^* = \phi_m \mu_{im}, \quad \nu_{jm}^* = \nu_{jm} \qquad (2.36)$$

(b) 列を主とする正規化 (column principal normalization)

$$\mu_{im}^* = \mu_{im}, \quad \nu_{jm}^* = \phi_m \nu_{jm} \qquad (2.37)$$

(c) 対称正規化 (symmetrical normalization)

$$\mu_{im}^* = \sqrt{\phi_m} \mu_{im}, \quad \nu_{jm}^* = \sqrt{\phi_m} \nu_{jm} \qquad (2.38)$$

---

[i]訳注：$\delta_{mm'}$ は，$m = m'$ であれば 1，そうでなければ 0 をとる。

(c) では，正規化において行と列のどちらかが優先されるということがなく，ほとんどの実用目的ではこの方法が好まれる (Clogg & Shihadeh, 1994)。さらに，対称正規化から推定された行スコアと列スコアは，異なる次元から推定された行スコアや列スコアが互いにどのように関連しているか，その理解を助けるグラフを図示する上で役立つ[3]。

2.6　様々な連関モデル間の関係

以上の説明から，U，R，C，$R+C$，RC そしてより高次元の対応するモデルが，互いに系統的な関係をもつことに気づくだろう。例えば，式 (2.9) の行効果 (R) モデルの行効果パラメータ (τ_i^A) を以下のように書き換えることができる。

$$\tau_i^A = \zeta^* \zeta_{i\cdot}^* \tag{2.39}$$

これは次のような制約を課しつつ，総効果を括り出している。

$$\sum_{i=1}^{I} \zeta_{i\cdot}^* = 0 \ , \quad \sum_{i=1}^{I} \zeta_{i\cdot}^{*2} = k \tag{2.40}$$

ここで，k は任意の定数，例えば 1 や I である。この再特定化でも，$(I-1)$ 個の冗長でないパラメータがあり，$\zeta_{i\cdot}^*$ には $(I-2)$ 個，ζ^* には 1 個のパラメータがある，したがって，一様連関 (U) モデルは，すべての i について $\zeta_{i\cdot}^* = i$ である R モデルの特殊なケースと見なすことができる。同様に，列効果 (C) モデルは，ζ^* と $\zeta_{\cdot j}^*$

---

[3] de Rooij & Heiser (2005) と de Rooij (2008) は，対称正規化されたスコアを純粋に数学的な意味で「距離」と（誤って）解釈することに対して注意を促している。なぜなら，これらはスコア間の距離ではなく内積の距離を表しているからである。

の 2 つの要素を含むように表現しなおすことができ, U モデルは
また, C モデルの特殊なケースでもある。一方, R モデルと C モ
デルは, 相互に系統的な関係をもたない。さらに, 式 (2.9), (2.11),
(2.13), (2.14) を比較することで, なぜ R モデルと C モデルが
$R + C$ モデルの特殊なケースと考えられるのかを理解できる。

では, R モデルと RC モデルの関係はどうだろうか。$\nu_j = V_j$,
すなわち固定した整数スコアをもつと仮定すると, RC モデルは

$$\log F_{ij} = \lambda + \lambda_i^A + \lambda_j^B + \phi\mu_i V_j = \lambda + \lambda_i^A + \lambda_j^B + \tau_i^{A*} V_j^* \quad (2.41)$$

のように書くことができる。ここで, τ_i^{A*} は $\phi\mu_i$, V_j^* は V_j であ
る。この式の下で, R モデルは, 連続する列が等間隔である RC
モデルの特殊なケースとなる。同様に, C モデルは連続する行が
等間隔である RC モデルの特殊なケースである。最後に, U モデ
ルは, 連続する行と列が共に等間隔である RC モデルの特殊なケー
スである。一方, $R + C$ モデルと RC モデルは直接的には関係
しない。

連関モデル族間の系統的な関係をより高次元に拡張することも
できる。例えば, $RC(M)$ モデルの第 1 次元の行と列のスコアが固
定整数スコア, つまり $\mu_{i1} = U_{i1}$ と $\nu_{j1} = V_{j1}$ で表される場合,
そのモデルは $U + RC(m^*)$ モデルと同等である。ここで $m^* = 1, \ldots, M - 1$ である。同様に, $\nu_{j1} = V_{j1}$ のみの場合は $RC(M)$
モデルを $R + RC(m^*)$ モデルとして, $\mu_{i1} = U_{i1}$ のみの場合は
$C + RC(m^*)$ モデルとして, そして, $\mu_{i1} = U_{i1}$ かつ $\nu_{j1} = V_{j1}$
の場合は $R + C + RC(m^*)$ として表現しなおすことができるが,
その代わりにそれらの効果は加法的になる。最後に, 行と列の両
方のカテゴリに対して, M 個の先験的に与えたスコア一式を使用
する場合, $RC(M)$ モデルは $U^O(m)$ モデル ($m = 1, 2, \ldots, M$) ま
たは $U^O(1) + \cdots + U^O(M)$ モデル (Hout, 1984, 1988) となる。例

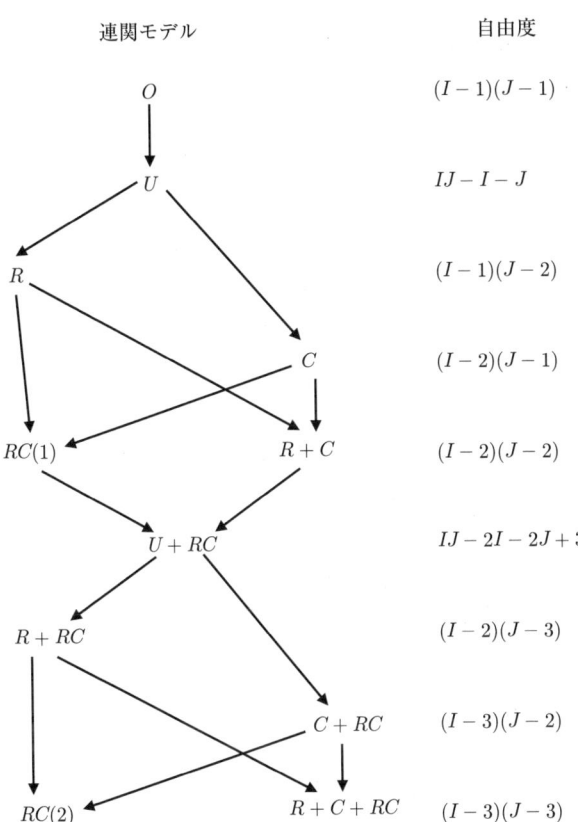

連関モデル　　　　　　　　　　　　　　　自由度

O　　　　　　　　　　　　　　$(I-1)(J-1)$

U　　　　　　　　　　　　　　$IJ-I-J$

R　　　　　　　　　　　　　　$(I-1)(J-2)$

C　　　　　　　　　　　　　　$(I-2)(J-1)$

$RC(1)$　　　　　$R+C$　　　$(I-2)(J-2)$

$U+RC$　　　　　　　　　　　$IJ-2I-2J+3$

$R+RC$　　　　　　　　　　　$(I-2)(J-3)$

$C+RC$　　　　$(I-3)(J-2)$

$RC(2)$　　　　$R+C+RC$　　$(I-3)(J-3)$

図 2.1　$I \times J$ の 2 元表についての連関モデル間の関係（$I=2$ または $J=2$ の場合，自由度の計算は適用できない）

出典：Goodman(1985, Fig.1)。

示のために，図 2.1 は 1 次元と 2 次元の様々な連関モデル間の関係をグラフによって示している（Goodman (1985) も参照）。

2.7　モデル推定，自由度，モデル選択

連関モデルを推定するために，いくつかの統計パッケージが利用可能である。それらには，CDAS 3.5 (Eliason, 1990)，l_{EM} 1.0 (Vermunt, 1997)，GLIM 4.09 (Francis et al., 1993)，そして R の特に gnm パッケージ (Firth & Menezes, 2004; Ihaka & Gentleman, 1996; Turner & Firth, 2007ab) が含まれる。CDAS，l_{EM}，R は，ほとんどのコンピュータにダウンロードし，インストールできるフリーウェアである[4]。連関モデルの一部は，ユーザー定義のスタンドアロンなプログラムや SAS や Stata の特殊なモジュールを使用して推定することもできる。ここに例示されているすべてのモデルは，l_{EM}，GLIM，または R のいずれかから推定され，それらの入力ファイルと出力ファイルは，Sage 社のウェブサイト (www.sagepub.com/wongstudy) からダウンロードできる。

一般的に，l_{EM} はその速度と使いやすさのため，好ましい統計パッケージである。しかし，現在のバージョンの l_{EM} は多次元 $RC(M)$ 連関モデルに対して次元間制約を課さないので，このモデルによる推定には，Gram-Schmidt の正規直交化制約を課す GLIM から，ユーザ定義の反復マクロプログラムを用いなければならない (Wong, 2001)。また，John Hendrickx により書かれた

---

[4]CDAS は，個人的なリクエストによって Scott Eliason から入手できる。l_{EM} は https://jeroenvermunt.nl/ からダウンロードできる。R は https://cran.r-project.org/ からダウンロードできる無料の統計ソフトウェアである。CDAS は DOS エミュレート環境でのみ実行でき，l_{EM} は DOS と Windows の両方の環境で実行できる。R は唯一 UNIX，Windows，MacOS 環境で動作する。また，読者は Latent Gold (Vermunt & Magidson, 2005) に関心をもつかもしれない。これは，潜在クラスや他の有限混合モデルを推定するための一般的な商用統計ソフトウェアであり，対数乗法連関モデルを潜在変数モデルとして扱う。

RC2 と MCLEST ado プログラムによって，Stata から RC モデルを推定することや，Haberman (1995) により書かれたスタンドアロンの DASSOC プログラムによって，$RC(M)$ モデルを推定することも可能である[5]。残念ながら，これらのユーザー定義プログラムには 1 つの大きな制限がある。これらのプログラムは 2 元表に制限されており，多元表には拡張できない。幸いにも，Turner & Firth (2007ab) による一般化非線形モデル (gnm) モジュールが最近になって R に追加され，推定に関する問題のほとんどが現在は解決されている[6]。これは様々なタイプの制約を課すことができ，同時に漸近標準誤差を得ることができるという柔軟性があるため，将来的には標準的な統計パッケージになる可能性が高い。

　RC 型連関モデルを推定する際の 1 つの大きな問題は，尤度関数に複数の局所的最大値が時折存在することである。これは適合度が悪く複雑な制約があるモデル，特に多元表に関するモデルで発生しやすい。このような状況では，仮定したモデルが適切に収束しない可能性がある。この固有の問題を解決するために，2 つの一般的な戦略が考えられる。1 つ目の戦略は，複数のランダムな初期値を使用し，パラメータ推定値がすべて同じ値（例えば 4 桁目まで）に収束することを確認することである。2 つ目の戦略は，既定の収束条件（例：l_{EM} の 0.000001）をさらに小さな値，例えば 0.0000000001 に設定することである。

---

[5]Powers & Xie (2008) に示されている計算例は https://la.utexas.edu/users/dpowers/から参照できる。また，Haberman (1995) によって書かれた DASSOC プログラムは，STATLIB ウェブサイトから直接ダウンロードできる (http://lib.stat.cmu.edu/general/)。

[6]l_{EM} と同様に，現在の gnm モジュールは次元間制約を課す機能がなく，対数乗法パラメータの漸近標準誤差を得ることができない。したがって，次元間制約が（複数）必要なモデルでは，代わりにブートストラップ標準誤差またはジャックナイフ標準誤差が用いられる。

　もうひとつの問題は，尤度が減少するために数回の反復計算の後にアルゴリズムが停止することである。これは通常，初期値が悪いか，モデルが複雑すぎて適切に推定できないために生じる。前者はランダムな初期値を使用することで解決できる場合があるが，後者の問題についてはモデルの単純化によって解決するという方法がおそらく最善である。

　一般に，モデルの自由度の計算は，セルの総数から特定のモデルにおける一意に識別されるパラメータの数を引くことによって決まる。しかし，多次元連関モデルでは，次元間制約の有無が原因で，パラメータの数の計算が難しい問題になることがある。次章で見るように，より制限された多くのモデルに対して次元間制約が全く必要ないか，可能なすべての次元間制約のうち，全部ではないがいくつかが必要となる $RC(M)$ モデルについては，問題が生じることもある。これらの状況については第3章と第4章で詳しく議論する。いずれにせよ，課された次元間制約の数がわかっていれば，自由度は次のように計算できる。

$$自由度\,(df) = セルの数 - (パラメータの数 - 制約の数)$$
$$= セルの数 - パラメータの数 + 制約の数$$

　モデルの自由度の計算についての知識が極めて重要であることを強調しておきたい。なぜなら CDAS や l_{EM} などの標準的な統計パッケージで報告される自由度は，モデルによっては正しくないためである。一方，R は，適切な条件下では，ほとんどの場合で正しい自由度を示す。

　一連の連関モデルや他の競合するモデルの推定を通じて，基底にある連関パターンを最も良く記述するモデルを選択する際には，体系的な戦略を立てる必要がある。理論的には2つの要因を考慮すべきであり，それはモデルの精度と科学的倹約性である。他のすべ

ての条件が同じならば，オッカムの剃刀の原則を採用すべきである (Kotz & Johnson, 1985, pp.578-579)。E が証拠 (evidence) を表し，$p(H|E)$ は E という証拠が与えられた条件の下で，特定の仮説 H が正しい確率を表しているとする。この原則は，もし仮説 $H_1, \ldots, H_k$ に対して

$$p(H_1|E) = p(H_2|E) = \cdots = p(H_k|E) \qquad (2.42)$$

であるなら，仮説 $H_1, \ldots, H_k$ の中で最も単純なものが推奨されるというものである。しかし，実際には，特にサンプルサイズが大きくなると，モデルの精度と科学的倹約性はトレードオフと解釈されることが多い。例えば，研究者が「サンプルサイズが小さい場合，十分な適合度のモデルを見つけることができる。サンプルが大きい場合，どのモデルも適合しない」(Goodman, 1991, p. 1085; Berkson, 1938; Diaconis & Efron, 1985 も参照) あるいは「（大きなサンプルの）結果は否定的でしかない。どのようなモデルを試しても，（そのモデルを）拒否せざるを得ないような有意な逸脱が間違いなく見つかるのである」(Goodman, 1991, p.1085; また Fisher, 1925; Martin-Löf, 1974 も参照) といった意見は珍しくない。

大きなサンプルで比較的適合度が悪いモデルの問題に対処するために，多様な戦略を実証研究者は採用できる。それらの中で，ベイズ情報量規準 (Bayesian information criterion, BIC) 統計量は，研究者が競合するモデルを選択するのを助けるためのおそらく最適かつ最も理論に基づいた尺度であると考えられている。BIC 統計量は，ベイズの事後検定理論 (Bayesian posteriori test theory: Raftery, 1986, 1996) から導かれ，次のように計算できる。

$$\mathrm{BIC} = L^2 - df \times \log N \qquad (2.43)$$

ここで，L^2 は対数尤度適合度検定統計量[j]，df はモデルの自由度，
N はサンプルサイズである。BIC 統計量の主な利点の1つは，入
れ子になっているモデルでも入れ子になっていないモデルでも，
どちらの比較にも使用可能なことである[7]。一般的に，競合する
様々なモデルの中からモデルを選択する際には，BIC 統計量が最
も小さい値をとるモデルを選択する。同時に，BIC のわずかな差
（例えば5ポイント以内）は，大きなサンプルではわずかな違いで
しかないことに，Raftery(1996) と Wong(1995) は注意を促してい
る。

　BIC 統計量の開発は，他のものに比べてより正当な戦略を提供
しているかもしれないが，同時に，特に限られた数のモデルしか考
慮されていない場合には，実証研究者によって乱用される可能性が
あるし，また乱用されてきた。実際，BIC 統計量や類似のモデル
選択規準を見境なく使用すると，基底にある複雑な連関パターンの
理解を歪めてしまう可能性がある (Weakliem, 1999)。簡単にいえ
ば，不正確で不十分な特定化のモデルの集まりの中から，最も間違
っていないモデルを選択することは，決して正当な戦略とはいえな
い。最良の戦略は，別の理解につながるような異なる競合モデルを
定式化し，比較することである。

　特定したモデルが正しくない場合には，サンプルサイズと連関
の強さが適合度と尤度比検定統計量に大きく影響することは確か

---

[j]訳注：統計量 L^2 の定義は「原著シリーズ編者による内容紹介」（xii ペー
ジ）を参照。

[7]もし，モデル M_1, M_2, M_3 を $M_1 \subset M_2 \subset M_3$ と表せるならば，これら3
つのモデルは入れ子である。しかし，もしこれらの間に部分的な重複しか
なく，互いに包含しあうことができない場合，これら3つのモデルは入れ
子でない。入れ子でないモデル間の検定統計量の違いは適切なカイ2乗値
についての解釈ができず，代わりに入れ子でないカイ2乗検定を使用する
必要がある (Weakliem, 1992)。

であるが,「真の」モデルとそれにさらにパラメータを追加したモデルについては, それらの影響は小さく無視できることも理解する必要がある (Wong, 2003a)。実際, 適切に特定されたモデルの場合,（連関モデルも含めた）対数線形モデルの適合度統計量はサンプルサイズに依存しない (Wong, 2003a)。言い換えれば, 適切に特定されたモデルに対しては, 名目上の検定統計量と入れ子カイ 2 乗検定[k]は, モデル選択において信頼できるツールとなる。

　以上の議論は, モデル選択に関する 2 つの異なった流派を例示した。それはベイズ的アプローチと古典統計学的アプローチである。2 つのアプローチが互いに対立している, または 2 つのアプローチの間にトレードオフがあると解釈するのではなく, その 2 つの関心が相補的であると考えるほうがおそらくより有意義である。本書の多様な例から明らかなように, 基底にある連関パターンの様々な競合する定式化を検討する際に, 十分に注意を払えば, どちらのアプローチも同じ結論に達する可能性がある。

2.8　漸近／ジャックナイフ／ブートストラップ標準誤差

　ニュートンの 1 次元法は, その速さと使いやすさから, RC 型連関モデルを推定するのに好んで用いられてきた方法だが, ある望ましくない結果を伴う。それは, この手続きがそれぞれの対数乗法要素の漸近標準誤差を副産物として生成しないことである。Gilula & Haberman (1986) がニュートン・ラフソン法に基づいて提案した別の得点化のアルゴリズムは, パラメータ推定値とそれに対応する漸近標準誤差の両方が同時に得られることにより, この問題を回避

[k)]訳注：サンプルサイズについて特に調整は行わず, そのままの検定統計量を検討したり, 入れ子となっているモデルについてカイ 2 乗統計量の差を確認したりするということ。

することができる。提案された手続きは計算量が多く，常に収束した推定値が得られるわけではないが，後に Haberman (1995) によって上記の問題を効果的に回避する修正アルゴリズムが提案された。残念ながら，そのための Fortran プログラムである DASSOC は，2元表の $RC(M)$ モデルの推定に限られており，実証研究者にはあまり用いられていない。

一方，Henry (1981)，Clogg et al. (1990)，Clogg & Shihadeh (1994) は，適切な標準誤差を得るためのジャックナイフ法の使用を提案した。Henry (1981) と Clogg et al. (1990) はともに，ジャックナイフ法による分散の推定は，デルタ法や推定された情報行列の逆行列といった他の大標本法と比較しても，優れた挙動を示すことを示している。ジャックナイフ法の手続きは，クロス分類表の分析に容易に実装できる。ξ が母集団における対象となるパラメータを示し，$\hat{\xi}$ がサンプルにおいて対応する最尤推定量を表すとする。さらに，h 番目の観察データが削除されたときにサンプルから得られる値を $\hat{\xi}_h$ とする。母集団パラメータ ξ は，n 個すべての観察データに基づく通常の最尤推定量か n 個の複製データの平均から推定することができる。後者の推定値は次のように表すことができる。

$$\hat{\xi}^* = \sum_{h=1}^{n} \frac{\hat{\xi}_h}{n} \tag{2.44}$$

この構造から，$\hat{\xi}^*$ は常に $\hat{\xi}$ と等しくなる。$\hat{\xi}^*$ あるいは $\hat{\xi}$ の標本抽出分散は2乗和[1]で近似できる。

---

[1]訳注：n では割らないことに注意する必要がある (Clogg & Shihadeh, 1994)。

$$s^2(\hat{\xi}) = \sum_{h=1}^{n} \left(\hat{\xi}_h - \hat{\xi}^* \right)^2 \tag{2.45}$$

クロス分類表の場合，ジャックナイフ推定量は単に加重平均である。

$$\hat{\xi}^* = \sum_{i=1}^{I} \sum_{j=1}^{J} \frac{f_{ij}\hat{\xi}_{ij}}{n} \tag{2.46}$$

加重平方和としての分散は次のようになる。

$$s^2(\hat{\xi}) = \sum_{i=1}^{I} \sum_{j=1}^{J} f_{ij} \left(\hat{\xi}_{ij} - \hat{\xi}^* \right)^2 \tag{2.47}$$

もちろん，上記の値の平方根が目的のジャックナイフ標準誤差である[8]。

ジャックナイフ複製データの数はセル数にのみ依存し（例えば，2元表の場合は $I \times J$，3元表の場合は $I \times J \times K$），総観察数 n には依存しない。Clogg & Shihadeh (1994, p.37) が指摘するように，ジャックナイフ法は「他の方法では解析が困難な量についての標本抽出分散（または分散共分散行列）を計算するだけでなく，観察値による影響を分析するためにも」有用である。残念ながら，後者の性質については実証研究者による詳細な研究がほとんど行われていない。

ジャックナイフ標準誤差を得ることは簡単だが，漸近標準誤差やブートストラップ標準誤差と比べると，様々な種類の連関モデルに

---

[8]Henry (1981) は，ジャックナイフ標準誤差について少し異なる式を報告している。その分散の計算には，小さな補正係数 $(N-1)/N$ が含まれ，N はサンプルサイズである。ほとんどの実用的な目的では，N が大きい場合，差は小さくなるはずである。

おいて，その性能を評価するための系統的な取り組みはなされていない。本書の限られた例や筆者の個人的な経験に基づくと，様々な連関モデルについてのジャックナイフ標準誤差は，GLIM や R から直接得られる漸近標準誤差に一般的には近似するものの，わずかに大きい[9]。

　一方，ブートストラップ法の性能は，ブートストラップ複製数が比較的大きく，例えば 10,000 以上である場合には，ジャックナイフ法に非常に近くなる。一般的に，ブートストラップ法はノンパラメトリックでコンピュータを活用する統計的推論のためのアプローチである (Efron, 1981; Efron & Tibshirani, 1993; Mooney & Duval, 1993)。元のデータセットからの復元抽出によるランダムサンプリングを通じて，ブートストラップ法は目的となる統計量の標本分布の近似を構築する。我々は多くのモデルについて，50,000 以上の複製から得られるブートストラップ標準誤差を漸近標準誤差と比較し，それらが非常に近い値であることを明らかにした（結果は示されていないが，著者から得ることができる）。ジャックナイフ標準誤差の場合と同様に，ブートストラップ標準誤差は，特に内的連関パラメータ (ϕ) について漸近標準誤差よりもわずかに大きく，推定された行と列スコアのパラメータ（μ_i と ν_j）における差は，はるかに小さかった。一方，高度にパラメータ化された連関モデル，例えば線形トレンド制約付きのモデルでは，これら 3 種類の標準誤差はすべて同一といってもよい。

　一般的に，R などの統計ソフトウェアから漸近標準誤差が直接得られる場合には，それらを報告することが望ましい。しかし，次元間制約のある多次元 $RC(M)$ 連関モデルのように，これらの標

---

[9] 例えば，多くの対数線形連関モデル（例えば，U，R，C，$R+C$）のジャックナイフ標準誤差は，GLIM や R から得られるそれらの漸近標準誤差よりわずかに大きくなっていた。

準誤差が直接得られない場合，代わりにジャックナイフやブートストラップ標準誤差を使用すべきである。ジャックナイフ法は実装が簡単であり，計算時間が比較的短いので，わずかに好ましい。本書で掲載しているすべての標準誤差は，可能な限り漸近標準誤差に基づいている。しかしそれらが容易に得られない場合，代わりに50,000個の複製に基づくブートストラップ標準誤差を掲載しているが，読者には，本書の結果と比較するために，ぜひともジャックナイフ法を使用してもらいたい。

2.9　ゼロセルと疎なセルの問題

　クロス分類表の分析で頻発する問題のひとつに，ゼロセルや疎 (sparse) なセルが出現することがある。それらのセルが存在するときは，基底にある連関パターンを系統的に歪めてしまう可能性があるため，研究者はよく悩まされる。ゼロセルには2種類あり，それは構造的ゼロとサンプリングゼロである。構造的ゼロは，期待値が0のセルが存在する。つまり，これらのセルに入るケースを観察できるはずはない。この例としては，輸出入取引表の対角セルや不完備表などがある。一方，サンプリングゼロは，表内の観察セル度数は0であるが期待値は0でない場合である。サンプリングの変動が，0が観測される原因である。構造的ゼロの解決法は簡単である。問題のあるセルをブロック[m]し，重み付けのあるデータ分析を行い，それに応じて各モデルの自由度を適切に調整する。一方，サンプリングゼロを解決するためには，いくつかの交互作用パラメータが未定義となる可能性があるため，慎重に精査する必要がある。よく用いられる戦略の1つは，各セルに小さ

---

[m]訳注：そのセルの重みを0とする。

な定数（0.50 や 0.10）を加えることである (Bishop et al., 1975;
Goodman, 1972)。Clogg et al. (1991) は，すべてのセルの交互作
用パラメータを得るために，少しだけ複雑な方法を提案した。この
ような手法によって，疎なデータの状況下ではサンプルサイズが顕
著に大きくなってしまうという結果を招いてしまう。逆説的である
が，この修正方法は，それが最も頻繁に適用される状況において，
まさに問題となるのである (Clogg & Shihadeh, 1994, p.17)。

　他方，ゼロセルの存在は，連関モデルには大きな問題にはならな
いようである。これは筆者が本書や別の研究で行った感度分析で
確認されている (Wong, 2001)。未調整のモデルと比較して，すべ
てのセルに小さな定数を追加しても，パラメータ推定値には大き
な影響を与えない。パラメータ推定値がこのように安定している
ことに対する 1 つの妥当な説明は，これらのモデルが高度にパラ
メトリックであり，導出された連関パラメータが個々のセルではな
く，特定の行や列の複数のセルの集まりに基づいているということ
である。もちろん，行や列の周辺度数が 0 に近い場合については，
この事態は依然として問題となりうるだろう。

2.10　1 次元連関モデルの例

　最初の例である表 2.3 は，個人の政治的志向 (POLVIEWS) とジェ
ンダー分業に対する態度 (FEFAM) の単純なクロス分類である。政
治的な考えについての変数は，政治的志向性についての自己認識
の尺度であり，強くリベラル，リベラル，ややリベラル，中道，や
や保守，保守，強く保守，という 7 つの回答カテゴリがある。ジェ
ンダー志向性についての変数は，「男性は仕事をし，女性は家庭
にいるのがよい」という意見に回答者がどの程度同意しているか
を尋ねるものであり，強く反対，反対，賛成，強く賛成，の 4 つ

表 2.3 2元表の例：政治的な考え方と女性の労働に対する態度 ($N = 3,439$)

	FEFAM			
POLVIEWS	強く反対	反対	賛成	強く賛成
強くリベラル	39	50	18	4
リベラル	140	178	85	23
ややリベラル	108	195	97	23
中道	238	598	363	111
やや保守	78	250	150	55
保守	50	200	208	74
強く保守	8	29	46	21

POLVIEWS: 自身をリベラルまたは保守だと思うか
FEFAM: 男性は仕事をし，女性は家庭にいるのがよい

出典：データは 1998 年から 2000 年までの総合的社会調査から得た。

のカテゴリがある。生の計数データは 1998 年と 2000 年の**総合的社会調査**から得られたもので，合計 3,439 人の回答者がいる。ここでの関心は，ジェンダー分業に対する態度が，個人の政治的志向性とどのように関連しているかということである。例えば，政治的に保守的な（またはリベラルな）人ほど，ジェンダーによる「領域分離 (separate spheres)」イデオロギーに賛成する（または反対する）可能性が高いといえるのだろうか。

表 2.4 は，2 つの変数の関係を理解するための一連の連関モデルを示している。無連関モデルあるいは独立 (O) モデルは十分な結果ではないが，他のすべてのモデルは，適合度や BIC 統計量からわかるように劇的な改善を示す。例えば，わずか自由度 1 を使用するだけで，一様連関 (U) モデルは，POLVIEWS と FEFAM の間の

表 2.4　表 2.3 の連関分析 (POLVIEWS × FEFAM)

(A) 表 2.3 に適用した連関モデル

モデルの説明	自由度	L^2	BIC	Δ	p
1. O	18	211.70	65.12	8.09	0.000
2. U	17	20.12	-118.31	2.77	0.268
3. R	12	15.91	-81.81	2.47	0.196
4. C	15	14.24	-107.91	2.32	0.508
5. $R+C$	10	7.68	-73.75	1.77	0.660
6. RC	10	8.07	-73.36	1.77	0.622

(B) 表 2.3 における連関の要素

要素	用いたモデル	自由度	尤度比カイ 2 乗
一般的な効果	$(1)-(2)$	$18-17=1$	191.58
行・列効果	$(2)-(6)$	$17-10=7$	12.05
他の効果	(6)	10	8.07
総効果	(1)	18	211.70

(C) 表 2.3 における連関に対する行効果と列効果の要素

要素	用いたモデル	自由度	尤度比カイ 2 乗
列効果	$(2)-(4)$	$17-15=2$	5.88
行効果	$(4)-(6)$	$15-10=5$	6.17
行・列効果	$(2)-(6)$	$17-10=7$	12.05

注：BIC はベイズ情報量規準を示し，$\mathrm{BIC} = L^2 - df \times \log N$ であり，Δ は非類似度指数 $\Delta = \sum_{i=1}^{I} \sum_{j=1}^{J} \dfrac{|f_{ij} - F_{ij}|}{2N} \times 100$ を示す。

連関の 90% 強を捉え，L^2/df 比は 1 をわずかしか超えない[10]。対数線形行効果 (R) モデルと対数線形列効果 (C) モデルはどちらも満足のいく結果を示すので，それよりも複雑な $R+C$ モデルと RC モデルも同様に満足のいく結果を示すことは，驚くに当たらない。

---

[10] モデルが真の場合，L^2/df 比は 1 に非常に近い値になる。しかし，実証研究者には比が 2 未満でも十分と考える人もいる。

　ここに示したすべてのモデルの中で，3つのモデル（C, $R+C$, RC）が好ましいと考えられ，それらから1つを選ぶのは困難だろう。もしすべてのモデルが関係性についての妥当な理解をもたらすとするならば，オッカムの剃刀の原理を用いて，一様連関（U）モデルと列効果（C）モデルの両方が好ましいと思われる。一方，BIC統計量は，やや複雑な C モデルよりも最も単純な U モデルを明らかに支持している。

　表2.4(B) と (C) は，異なるモデルの適合度統計量 L^2 を分解する2つの方法を示しており，様々な要素の相対的な寄与度を理解するのに役立つ。例えば，(B) の項目は，1つの一様連関パラメータが適合度統計量の変動（1行目）のかなりの割合（90%強：$191.58/211.70 \times 100$）を捉えるが，行効果パラメータと列効果パラメータ（2行目）の 5.7%（$12.05/211.70 \times 100$）の寄与を軽視してはならないことを裏付けている（$p < 0.10$）。(C) の項目は，行効果，列効果，行・列効果の相対的な寄与を調べたものである。$R+C$ と RC の間の適合度統計量の差は無視できる程度であり，どちらの計算からもわずかな差しか期待できない。

　例では，比較のためのベースラインとして RC モデルを使用した。他の条件がすべてが等しい場合，分解アプローチは，自由度2のみで列効果パラメータは単独で総効果の約29%（$= 5.88/20.12$）を捉え，行効果パラメータはさらに約31%（$= 6.17/20.12$）を説明するということを示している。ただし，行効果モデルは追加で5つのパラメータを使用する。言い換えれば，表2.4に示されたすべての連関モデルのうち，C モデルが好ましい最終モデルであるようだ。

　表2.5は，表2.4で推定された様々な連関モデルのパラメータ推定値だけでなく，パラメータの解釈を助けるために，期待隣接対数オッズ比，そして，これらのパラメータから読み取れるオッズ比の

表 2.5 表 2.3 の期待隣接対数オッズ比と推定された連関パラメータの関連 (POLVIEWS × FEFAM)

連関モデル		期待隣接対数オッズ比		
		2:1	3:2	4:3
U モデル	2:1	0.202	0.202	0.202
	3:2	0.202	0.202	0.202
	4:3	0.202	0.202	0.202
	5:4	0.202	0.202	0.202
	6:5	0.202	0.202	0.202
	7:6	0.202	0.202	0.202
推定パラメータ				
一様連関		0.202 (0.015)		
R モデル	2:1	0.154	0.154	0.154
	3:2	0.157	0.157	0.157
	4:3	0.257	0.257	0.257
	5:4	0.104	0.104	0.104
	6:5	0.307	0.307	0.307
	7:6	0.253	0.253	0.253

推定パラメータ	1	2	3	4	5	6	7
行効果	−0.559	−0.405	−0.248	0.009	0.112	0.419	0.672
	(0.108)	(0.059)	(0.058)	(0.040)	(0.051)	(0.051)	(0.100)
他の正規化	0.000	0.154	0.310	0.568	0.671	0.978	1.231
	—	(0.136)	(0.136)	(0.127)	(0.133)	(0.133)	(0.168)

連関モデル		2:1	3:2	4:3
C モデル	2:1	0.257	0.203	0.112
	3:2	0.257	0.203	0.112
	4:3	0.257	0.203	0.112
	5:4	0.257	0.203	0.112
	6:5	0.257	0.203	0.112
	7:6	0.257	0.203	0.112

推定パラメータ	1	2	3	4
列効果	−0.322	−0.065	0.137	0.250
	(0.026)	(0.020)	(0.023)	(0.034)
他の正規化	0.000	0.257	0.459	0.571
	—	(0.035)	(0.039)	(0.053)

注: 括弧内の値は漸近標準誤差 (詳細は本文を参照)   (続く)

（表 2.5 続き）

連関モデル		期待隣接対数オッズ比		
		2:1	3:2	4:3
$R+C$ モデル	2:1	0.194	0.119	0.016
	3:2	0.206	0.131	0.028
	4:3	0.317	0.242	0.139
	5:4	0.179	0.104	0.001
	6:5	0.407	0.333	0.230
	7:6	0.374	0.299	0.196

推定パラメータ	1	2	3	4	5	6	7
行効果	0.000	-0.086	-0.159	-0.122	-0.222	-0.095	0.000
	—	(0.114)	(0.106)	(0.092)	(0.105)	(0.115)	—
列効果	0.000	0.279	0.484	0.586			
	—	(0.044)	(0.062)	(0.087)			

他の正規化

	1	2	3	4	5	6	7
行効果	0.000	-0.086	-0.159	-0.122	-0.222	-0.095	0.000
	—	(0.114)	(0.106)	(0.092)	(0.105)	(0.115)	—
列効果	0.000	0.084	0.094	0.000			
	—	(0.032)	(0.039)	—			
一様連関	0.195						
	(0.029)						

連関モデル		2:1	3:2	4:3
RC モデル	2:1	0.153	0.119	0.056
	3:2	0.204	0.159	0.075
	4:3	0.314	0.245	0.116
	5:4	0.135	0.105	0.050
	6:5	0.442	0.345	0.163
	7:6	0.378	0.295	0.140

推定パラメータ	1	2	3	4	5	6	7
行スコア μ_i	-0.482	-0.376	-0.234	-0.016	0.078	0.384	0.646
	(0.068)	(0.050)	(0.048)	(0.037)	(0.049)	(0.060)	(0.061)
列スコア ν_j	-0.748	-0.141	0.332	0.557			
	(0.027)	(0.047)	(0.052)	(0.048)			
内的連関 ϕ	2.373						
	(0.238)						

基底構造を示している。例えば，一様連関 (U) モデルは 0.202 と
推定され，期待隣接対数オッズ比もすべて同じ値をとる（式 (2.8)
を参照）。行効果 (R) モデルについて，推定された行効果パラメー
タは期待隣接対数オッズ比の構造を設定する。ここで 2 組のパラ
メータが報告される。1 番目の「行効果」は $\sum_i \tau_i^A = 0$ という正
規化を採用し，2 番目の「他の正規化」は $\tau_1^A = 0$ を課すが，両方
とも同一の予測対数オッズ比を示している。例えば，期待隣接対数
オッズ比の最初の行の数値は行 2 と行 1 を比較しているが，それ
らはすべて同じ値 0.154 $(= (-0.405) - (-0.559))$ であり，どの列
に注目するのかによって異ならない。同様に，行 7 を行 6 と比較
すると，すべての項目の値は 0.253 $(= 0.672 - 0.419 = 1.231 -$
$0.978)$（式 (2.1) を参照）となる。同様に，C モデルの列効果パラ
メータを使用することで，異なる隣接する列を比較するときの期待
隣接対数オッズ比はすべて同じ値となり，それらがどの隣接した行
に注目するのかによっては異ならない理由について，理解すること
ができる（式 (2.12) を参照）。

　$R+C$ モデルと RC モデルに関しては，行効果と列効果の両方を
同時に考慮する必要があるため，期待隣接対数オッズ比の計算は若
干複雑になるだろう[11]。例えば，$R+C$ モデルでは，1 行目と 2 行
目そして 1 列目と 2 列目のセルについて考えると，隣接対数オッ
ズ比は 0.194 $(= -0.086 + 0.279)$ となる。同様に，6 行目と 7 行目
および 3 列目と 4 列目のセルでは，隣接対数オッズ比を計算する
と 0.196 $(= [0 - (-0.095)] + [0.586 - 0.484])$ となる。他の正規化の
下での隣接対数オッズ比の計算は，多少複雑ではあるが，同じ計算
結果となる（式 (2.15) を参照）。一方，RC モデルの下では，隣接

---

[11]代わりに $\sum_j \tau_j^B = 0$ という正規化を採用すると，列効果パラメー
　タは -0.337，-0.058，0.147，0.249 であり，漸近標準誤差はそれぞれ
　0.044，0.024，0.026，0.048 となる。

対数オッズ比は $0.153 (= \{2.373 \times [-0.376 - (-0.482)] \times [-0.141 - (-0.748)]\})$ と $0.140 (= \{2.373 \times [0.646 - 0.384] \times [0.557 - 0.332]\})$ にそれぞれ等しい（式 (2.19) 参照）。最後に, 読者には, 他の数値についても同様にこの式を適用して, 期待隣接対数オッズ比を計算することを推める。

　政治的志向とジェンダー分業に対する態度との関係については, 最終的に好ましいモデルとして U, C, $R + C$, または RC モデルのいずれを採用してもほぼ同じように理解できる。これは, すべての推定スコアが単調であり, それらが等間隔であるかどうかが唯一の違いだからである。したがって, 政治的に保守的な（またはリベラルな）人ほど, ジェンダーの「領域分離」イデオロギーに賛成する（または反対する）可能性が高いという一般的な言明は, おおむね妥当なものである。

2.11　2次元連関モデルの例

　2番目の実例（表 2.6）は, アメリカ人女性の教育達成 (EDUC) と職業達成 (OCC) の関連を分析したものである。集計表は 1985 年から 1990 年の**総合的社会調査**の累積データから得られ, Wong (1995, 2001) によって分析された。学歴と労働市場の結果の関係を見る上で, 教育達成は教育年数ではなく（最も高い）学歴によって測定され, 大学以上, 短大, 高校, 高校未満, の4つのカテゴリがある。職業達成は技能水準と産業部門によって分類され, 上層ノンマニュアル, 下層ノンマニュアル, 上層マニュアル, 下層マニュアル, 農業, の5つのカテゴリがある。Wong (1995, 2001) とは異なり, ここでは白人とアフリカ系アメリカ人を合わせて分析しており, 回答者は合計 3,858 人である。先行研究の結果 (Clogg & Shihadeh, 1994; Wong, 2001) では, 2次元連関モデルが対象の複

表 2.6　2 元表の例：女性についての教育達成と職業達成 ($N = 3,858$)

	OCC				
EDUC	上層 ノンマニュアル	下層 ノンマニュアル	上層 マニュアル	下層 マニュアル	農業
大学以上	518	95	6	35	5
短大	81	67	4	49	2
高校	452	1,003	67	630	5
高校未満	71	157	37	562	12

EDUC: 教育達成
OCC: 職業達成

出典：データは 1985 年から 1990 年までの総合的社会調査から得た。

雑な関係を理解するのに適切であることを示している。

　独立 (O) モデルに加えて，表 2.7 には，教育と職業との連関を説明するための一連の 1 次元連関モデル（2〜6 行目）と 2 次元連関モデル（7〜11 行目）が示されている。単純な独立 (O) モデルと比較して適合度統計量 L^2 に劇的な改善がある一方で，どの 1 次元連関モデル (U, R, C, $R + C$, RC) も満足のいく結果ではない。各モデルの p 値は 0.1% 水準で統計的に有意である。また，非類似度指数 Δ からわかるように，かなりの割合の個人がまだ誤分類されている。

　対照的に，1 次元連関モデルから 2 次元連関モデルへとモデルが複雑になることにより，少なくとも 2 つのモデルが教育と職業間の連関を十分に説明できることがわかる。例えば，RC モデルに単一の一様連関パラメータを追加した 7 行目の $U + RC$ モデルは，6 行目の RC モデルよりも適合度統計量が大幅に改善され（自由度および L^2 の差が 1 および 107.46），BIC 統計量が負となり，これまでに報告された他の単純なモデルよりも好ましいものとなった。とはいえ，モデル選択の指針として従来のカイ 2 乗検定を用いる

表 2.7　表 2.6 の連関の分析 (EDUC × OCC)

(A) 表 2.6 に適用した連関モデル

モデルの説明	自由度	L^2	BIC	Δ	p
1. O	12	1373.18	1274.08	23.86	0.000
2. U	11	244.02	153.18	8.54	0.000
3. R	9	205.97	131.65	7.38	0.000
4. C	8	155.37	89.31	7.47	0.000
5. $R + C$	6	91.61	42.06	4.63	0.000
6. RC	6	125.06	75.51	6.44	0.000
7. $U + RC$	5	17.60	−23.69	1.52	0.004
8. $R + RC$	4	6.94	−26.10	0.83	0.139
9. $C + RC$	3	11.41	−13.37	1.01	0.010
10. $R + C + RC$	2	0.28	−16.24	0.01	0.870
11. $RC(2)$	2	0.60	−15.92	0.09	0.741

(B) 表 2.6 における連関の要素

要素	用いたモデル	自由度	尤度比カイ2乗
1 次元	(1) − (6)	12 − 6 = 6	1248.12
2 次元	(6) − (11)	6 − 2 = 4	124.46
より高次元	(11)	2	0.60
総効果	(1)	12	1373.18

(C) 表 2.6 における連関に対する行効果と列効果の要素

要素	用いたモデル	自由度	尤度比カイ2乗
U の一般的な効果	(1) − (2)	12 − 11 = 1	1129.16
RC における行・列効果	(2) − (6)	11 − 6 = 5	118.96
$R + C + RC$ への付加的行・列効果	(6) − (10)	6 − 2 = 4	124.78
他の効果	(10)	2	0.28
総効果	(1)	12	1373.18

注：BIC はベイズ情報量規準を示し，BIC $= L^2 - df \times \log N$ であり，Δ は非類似度指数を示す。

のであれば，この少し複雑なモデルはまだ満足できるものではない（自由度 5，$L^2 = 17.60$）。行効果パラメータと列効果パラメータを追加しても（8 行目と 9 行目），$C + RC$ モデルの全体的な適合度はぎりぎりではあるが，満足のいく結果は得られない（$p < 0.010$）。一方，RC モデルに行効果と列効果（対数線形または対数乗法）の両方を追加すると（10 行目と 11 行目），満足のいく結果が得られ

る。両モデル（$R+C+RC$ および $RC(2)$）の p 値は十分に満足できるものであり，このサンプルで誤分類された個人はごくわずかである[12]。

　表 2.7(B) は，比較のために O，RC，$RC(2)$ モデルを使用して，1 次元，2 次元，そしてより高次元の連関モデルによって説明できる L^2 の割合を示している。この分解は，第 1 次元が L^2 の 90% 近くを占めているのに対して，第 2 次元はさらに 9% 寄与しているが，さらにより高次元からの寄与は無視できることを明確に示している。表 2.7(C) は $R+C+RC$ モデルについての別の分解アプローチを示している。それは，対数線形であろうと対数乗法であろうと，行効果と列効果の付加的次元が，女性の教育達成と職業達成の複雑な関係を理解する上で重要である，という基本的には同じ結論を導く。

　表 2.5 と同様に，表 2.8 は，異なる 2 次元連関モデルのパラメータ推定値とそれらの漸近標準誤差を報告するだけでなく，期待隣接対数オッズ比を計算しており，各モデルにおける制約の課されたオッズ比の構造を理解することができる。例えば，$U+RC$ モデルからパラメータ推定値が与えられると，1 行目（大学以上）と 2 行目（短大）および 1 列目（上層ノンマニュアル）と 2 列目（下層ノンマニュアル）についての期待隣接対数オッズ比は 1.132 に等しい，すなわち $\{0.552 + 3.436 \times [0.147 - 0.722] \times [-0.451 - (-0.158)]\}$ と計算することができる。同様に，3 行目（高校）と 4 行目（高校

---

[12]両方の特定化がデータに過剰適合 (overfit) していると考えるかもしれない。しかし，Wong (2001) で説明されているように，$RC(2)$ モデルは白人とアフリカ系アメリカ人の男性と女性にも適合する。さらに重要なことは，条件付き $RC(2)$ モデルとして同じモデルを 4 つのグループすべてに同時に適用するときには，さらなる制約を加えたより単純なモデルを作成し，解釈が容易な結果を得ることが可能である。この手順については，第 4 章でさらに詳しく説明する。

未満）および 4 列目（下層マニュアル）と 5 列目（農業）につい
ての期待隣接対数オッズ比は 1.790，すなわち $\{0.552 + 3.436 \times [-0.236 - (-0.633)] \times [0.855 - (-0.053)]\}$ と等しくなる。モデル
が 2 次元であるため，パラメータの正確な解釈はより複雑である。
1 次元目が単一の一様連関パラメータによって捉えられていること
を考えれば，教育達成と職業達成の間の関係はおおむね一様で，線
形で，等間隔であることを前提としている。一方，2 次元目はその
ような線形性からの逸脱を捉える。例えば，行スコアと列スコアの
両方のパラメータからの情報を組み合わせると，2 次元目は，高校
および高校未満の教育を受けた女性が，下層ノンマニュアルの地位
に到達する可能性がはるかに高いことを示している。$U + RC$ モデ
ルが好ましいモデルではないことを考えると，教育達成や職業達成
の垂直的な社会経済的イメージ（すなわち，教育水準が高ければ高
いほど，職業達成も高くなる）は基本的に妥当であるが，現実には
等間隔の仮定は強すぎる可能性があることを意味している。

　同様に，推定パラメータから，他の 2 次元連関モデルについて
の期待隣接対数オッズ比も容易に計算できる。説明を簡単にする
ために，以降の説明では $RC(2)$ モデルのみに焦点を当てる[13]。式
(2.29) または式 (2.34) を用いると，期待隣接対数オッズ比の計算
は容易である。例えば，1 行目と 2 行目そして 1 列目と 2 列目につ
いてのオッズ比は 1.481，すなわち $\{2.601 \times [-0.089 - (-0.744)] \times$

---

[13] $RC(2)$ モデルの漸近標準誤差は，DASSOC プログラムから直接得られ
る (Haberman, 1995)。これは，現在の R における gnm モジュールは，
適切な次元間制約を課しておらず，直接使用することができないからで
ある。ブートストラップ標準誤差（50,000 回以上の複製）も計算したが，
それらの値は常により大きいにもかかわらず，漸近標準誤差ととても近い
値であった。同様のことがジャックナイフ標準誤差にも当てはまる。[訳
注：訳者のサポートページでは Kateri(2014) で紹介されている gnm パッ
ケージによる方法と logmult パッケージによる方法を紹介している。]

表2.8 表2.6の期待オッズ比と推定された連関パラメータの関係 (EDUC×OCC)

連関モデル		期待隣接対数オッズ比			
		2:1	3:2	4:3	5:4
$U + RC$ モデル	2:1	1.132	0.043	0.274	−1.244
	3:2	1.337	−0.137	0.175	−1.881
	4:3	0.153	0.903	0.744	1.790
推定パラメータ	1	2	3	4	5
行スコア μ_i	0.722	0.147	−0.633	−0.236	
	(0.049)	(0.095)	(0.046)	(0.066)	
列スコア ν_j	−0.158	−0.451	−0.194	−0.053	0.855
	(0.033)	(0.039)	(0.058)	(0.041)	(0.013)
一様連関	0.552 (0.034)				
内的連関 (ϕ)	3.436 (0.619)				
$R + RC$ モデル	2:1	1.488	0.175	0.498	−1.465
	3:2	1.019	−0.249	0.063	−1.832
	4:3	0.156	0.916	0.729	1.864
行効果	0.000	−0.432	−1.267	0.000	
	—	(0.221)	(0.193)	—	
行スコア μ_i	−0.760	−0.061	0.613	0.209	
	(0.042)	(0.097)	(0.049)	(0.068)	
列スコア ν_j	−0.806	−0.057	0.180	0.543	0.140
	(0.017)	(0.045)	(0.063)	(0.046)	(0.112)
内的連関 ϕ	3.670 (0.547)				
$C + RC$ モデル	2:1	1.171	0.109	0.158	−1.247
	3:2	1.296	−0.013	0.125	−1.477
	4:3	−0.009	1.262	0.471	0.941
列効果	0.000	1.263	1.282	1.416	0.000
	—	(0.170)	(0.209)	(0.091)	—
行スコア μ_i	−0.333	−0.251	−0.281	0.865	
	(0.133)	(0.089)	(0.144)	(0.007)	
列スコア ν_j	−0.117	−0.559	−0.127	−0.009	0.811
	(0.055)	(0.077)	(0.093)	(0.064)	(0.041)
内的連関 ϕ	2.509 (0.473)				

注: 括弧内の値は漸近標準誤差（詳細は本文を参照）　　　　　　（続く）

$$[-0.02-(-0.765)]+1.522\times[-0.061-0.276]\times[-0.549-(-0.137)]\}$$
であり，3行目と4行目そして4列目と5列目についてのオッズ比

(表 2.8 続き)

連関モデル		期待隣接対数オッズ比			
		2:1	3:2	4:3	5:4
$R + C + RC$ モデル	2:1	1.503	0.260	0.414	−1.280
	3:2	0.989	−0.126	−0.021	−1.603
	4:3	−0.003	1.270	0.470	0.982
推定パラメータ	1	2	3	4	5
行効果	0.000	−0.290	−0.955	0.000	
	—	(0.184)	(0.217)	—	
列効果	0.000	0.000	0.397	0.327	0.000
	—	—	(0.167)	(0.161)	—
行スコア μ_i	−0.766	−0.055	0.601	0.221	
	(0.037)	(0.090)	(0.047)	(0.068)	
列スコア ν_j	−0.838	0.044	0.119	0.501	0.174
	(0.025)	(0.089)	(0.092)	(0.066)	(0.126)
内的連関 ϕ	2.857 (0.534)				
$RC(2)$ モデル	2:1	1.481	0.362	0.331	−1.510
	3:2	1.008	−0.211	0.051	−1.378
	4:3	−0.002	1.259	0.480	0.966
1 次元目					
行スコア μ_{i1}	−0.744	−0.089	0.200	0.632	
	(0.041)	(0.042)	(0.101)	(0.074)	
列スコア ν_{j1}	−0.765	−0.020	0.323	0.550	−0.088
	(0.052)	(0.077)	(0.101)	(0.060)	(0.179)
内的連関 ϕ_1	2.601 (0.151)				
2 次元目					
スコア μ_{i2}	0.276	−0.061	−0.777	0.562	
	(0.121)	(0.158)	(0.063)	(0.086)	
列スコア ν_{j2}	−0.137	−0.549	−0.120	−0.010	0.816
	(0.160)	(0.075)	(0.092)	(0.120)	(0.036)
内的連関 ϕ_2	1.522 (0.325)				

は 0.966，つまり $\{2.601 \times [0.632 − 0.200] \times [−0.088 − 0.550] + 1.522 \times [0.562 − (−0.777)] \times [0.816 − (−0.010)]\}$ である。

行と列のカテゴリの順序付けに基づくと，第 1 次元は多かれ少なかれ本質的に社会経済的なものであることは明らかである。つまり，高学歴の女性ほど上層ノンマニュアルの地位につく可能性が

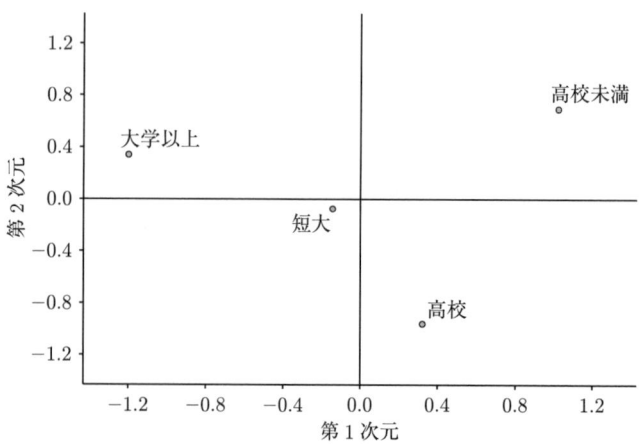

図 2.2　表 2.7 の $RC(2)$ モデルから推定された教育のスコア

高い。しかし，農業について推定された列スコアが負 (-0.088) で
あり，これは他のすべてが同じであれば，アメリカ人女性（アフリ
カ系アメリカ人と白人）は，上層あるいは下層マニュアル職よりも
農業に就く可能性がはるかに高いことを意味する。ノンマニュアル
職と農業の間の不透過な境界は，実際にはマニュアル職（上層・下
層）との間にある境界よりはるかに弱い。また，第 1 次元の行と
列のカテゴリ間の推定間隔が等間隔でないことを考えれば，より複
雑なモデルである $R+C+RC$ や $RC(2)$ モデルに比べて，$U+RC$
モデルが，適切な理解を提供できない理由がわかるようになる。

　$RC(2)$ モデルで報告されたパラメータの意味を十分に解釈する
ために，対称正規化（式 (2.38)）を用いて，両次元の行スコアと
列スコアの推定値をそれぞれ図 2.2 と図 2.3 にプロットした。いず
れの場合についても，第 1 次元の行スコアと列スコアには，農業
カテゴリを除き，明確な序列がある。一方，第 2 次元の行スコア
と列スコアの序列は明確ではない。先に示したように，第 2 次元

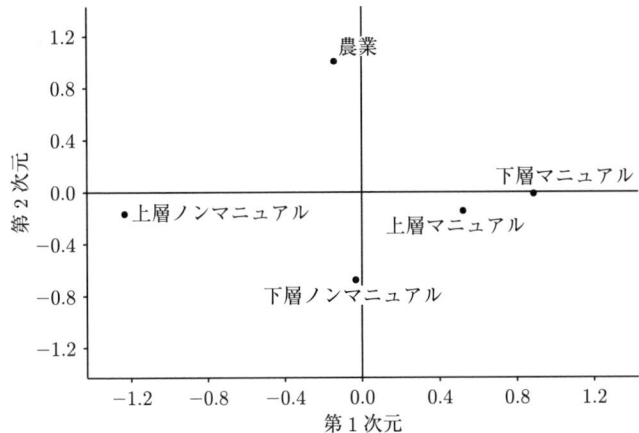

図 2.3 表 2.7 の $RC(2)$ モデルから推定された職業のスコア

における行スコアと列スコアを，第 1 次元からの逸脱，すなわち，第 1 次元で描かれた垂直的なイメージから上下への補正したものと解釈することができる。これらは，多くのアメリカ人女性が労働市場で直面する特定のキャリアや障壁を示しており，第 1 次元で描かれるような能力主義的イメージからは逸脱している。このようなパターンは，アメリカ社会におけるジェンダー化した分業というフェミニストの主張を，ある程度裏付けるものである。

第3章

3元表に対する部分連関モデル

　第2章で説明した種類の連関モデルは，3元あるいは多元クロス集計表の分析に容易に拡張できる (Agresti, 1983; Agresti & Kezouh, 1983; Becker, 1989a; Becker & Clogg, 1989; Pannekoek, 1985)。唯一複雑なのは，どのパラメータのセット（2元や3元より高次の交互作用パラメータ）を連関パラメータに分解するのかを決定することである。

　本章では，3元あるいはより高次のパラメータを組み込む必要がない場合に，2元交互作用パラメータを分解する単純なモデルを紹介する。第4章では，2元と3元（またはより高次）の両方の交互作用パラメータを含む分解を行う。後者は，社会科学における応用研究が多いのも特徴である。

　ほとんどの場合，第3の変数または層変数は，コーホート，調査年，人種／エスニシティ，国，地域などのグループ化変数である。**グループ化変数**という用語は最も一般的な形で定義され，実際には2つ以上の変数を含む場合があることに注意してほしい。例えば，調査年度別，エスニシティ別のジェンダーや，調査年度別，コーホート別の国などである。最後に，ここでの議論は主に3つの変数に焦点を当てているが，導入されるモデルはより高次のクロス分類表の分析にも一般化できる。

3.1 完全独立 (I) モデル

行変数, 列変数, 層変数として A, B, C の3つの変数があり, それぞれが I, J, K 個のカテゴリをもつとする。これらの間の関連を検討する従来の階層的対数線形モデリングのアプローチは, 通常, 完全独立 (complete independence: I) モデルから始まり, 次に種々の2元交互作用項を加え, そして, より低次の項のあるモデルのどれもが満足のいく結果を提供しない場合には, 最後に3元交互作用パラメータを加える。ここでも, 以下の議論と分析において, それらの関係を従属変数と独立変数として明示的に特定する必要はない。

I モデルは, 変数 A, B, C の間には関連がないと仮定している。I モデルの下では, 期待度数 F_{ijk} の対数は次のように書くことができる。

$$\log F_{ijk} = \lambda + \lambda_i^A + \lambda_j^B + \lambda_k^C \tag{3.1}$$

ここで λ は切片, λ_i^A, λ_j^B, λ_k^C は周辺パラメータであり, すべてについて第2章で紹介したものと同様に, 従来の正規化の対象となる (Agresti, 2002)。このモデルには $IJK - I - J - K + 2$ の自由度がある。

3元表で分析され, モデル化されるオッズ比は2種類ある (Agresti, 1983; Becker, 1989a; Becker & Clogg, 1989; Clogg, 1982a; Wong, 2001)。1つ目は C が与えられた状態での, A と B についての条件付き局所オッズ比 $\theta_{ij(k)}$ であり, 2つ目は条件付き局所オッズ比の比あるいは単に A, B, C についての局所オッズ比 θ_{ijk} である。後者は単に層 k に対する層 $k+1$ (より一般的には, 層 k' に対する層 k) の条件付き局所オッズ比の比である。形式的には, C が与えられた状態での A と B についての条件付き局所オ

ッズ比 $\theta_{ij(k)}$ は，以下のように定義することができる。

$$\theta_{ij(k)} = \frac{F_{ijk}F_{i+1,j+1,k}}{F_{i+1,jk}F_{i,j+1,k}} \tag{3.2}$$

そして，A，B，C についての局所オッズ比は，条件付き局所オッズ比の比として定義することができる。

$$\theta_{ijk} = \frac{\theta_{ij(k+1)}}{\theta_{ij(k)}} \tag{3.3}$$

例によって，対数変換したほうが扱いやすい。I モデルの下では，それらすべての値が 1（対数の場合は 0）であることを簡単に確認できる。つまり，

$$\log \theta_{ij(k)} = 0, \quad \log \theta_{i(j)k} = 0, \quad \log \theta_{(i)jk} = 0$$

であり，そして次のようになる。

$$\log \theta_{ijk} = \log \theta_{ij(k+1)} - \log \theta_{ij(k)} = \log \theta_{i(j+1)k} - \log \theta_{i(j)k}$$
$$= \log \theta_{(i+1)jk} - \log \theta_{(i)jk} = 0 \tag{3.4}$$

3.2 条件付き独立 (CI) モデル

ほとんどの社会科学における応用研究では，完全独立 (I) モデルがデータにうまく適合する可能性は低い。次に検討するモデルとしては，完全独立性からの逸脱を把握するために，2 元交互作用項（A と B，A と C，B と C のいずれかあるいはすべて）を含めることが多い。例えば，AB と AC のみの 2 元交互作用項のあるモデルは，次のように書くことができる。

$$\log F_{ijk} = \lambda + \lambda_i^A + \lambda_j^B + \lambda_k^C + \lambda_{ij}^{AB} + \lambda_{ik}^{AC} \tag{3.5}$$

式 (3.5) は条件付き独立 (conditional independence: CI) モデル

として知られている。それは，変数 A を統制した後は，変数 B と
変数 C の間には関連がないと仮定しているためである。言い換え
ると，変数 B と C の間の関係は，変数 A を統制した後では疑似的
である。このモデルには，$I(J-1)(K-1)$ の自由度がある。上記
の定式化では，条件付きオッズ比と局所オッズ比は以下の関係を有
することが明らかである。

$$\log \theta_{(i)jk} = 0$$

そして，

$$\log \theta_{ijk} = 0 \tag{3.6}$$

ここで，$\log \theta_{i(j)k}$ と $\log \theta_{ij(k)}$ は条件付き独立の下では単純化でき
ないことに留意されたい。

3.3　連関のある条件付き独立 (CIA) モデル

　条件付き独立 (CI) モデルがデータに良く適合するならば，2つ
の交互作用パラメータを部分連関パラメータに分解して，より容易
に解釈することが可能である（詳細は Wong (2001) を参照）。例え
ば，AB の部分連関は $RC(M_1)$ 連関要素によって表すことができ，
AC の部分連関は $RL(M_2)$ 連関要素によって表すことができる[a]。
結果として得られる連関のある条件付き独立 (conditional inde-
pendence with association: CIA) モデルは，次のように表すこ
とができる。

---

[a]訳注：R は行変数，C は列変数，L は層変数であり，$RC(1)$ は1次元の
　　対数乗法行・列効果，$RL(1)$ は1次元の対数乗法行・層効果，$CL(1)$ は1
　　次元の対数乗法列・層効果である。

$$\log F_{ijk} = \lambda + \lambda_i^A + \lambda_j^B + \lambda_k^C + \sum_{r=1}^{M_1} \phi_r^{AB} \mu_{ir} \nu_{jr} + \sum_{s=1}^{M_2} \phi_s^{AC} \mu_{is}^* \eta_{ks} \tag{3.7}$$

ここで,M_1 と M_2 はそれぞれ AB と AC の部分連関を捉えるために必要な次元を表し,$0 \leq M_1 \leq \min(I-1, J-1)$ そして $0 \leq M_2 \leq \min(I-1, K-1)$ である。また,ϕ_r^{AB},μ_{ir},ν_{jr} は M_1 次元の AB 連関における第 r 次元の内的連関,行スコア,列スコアについてのパラメータをそれぞれ示している。ϕ_s^{AC},μ_{is}^*,η_{ks} は AC 連関についてのパラメータである。モデルは $IJK - I - J - K + 2 - M_1(I + J - M_1 - 2) - M_2(I + K - M_2 - 2)$ の自由度をもつ。すべてのパラメータを一意に識別するには,中心化,尺度化,次元間の制約が必要である。$M_1 = M_2 = 1$ の場合,式 (3.7) は以下のように単純化することができる。

$$\log F_{ijk} = \lambda + \lambda_i^A + \lambda_j^B + \lambda_k^C + \phi^{AB} \mu_i \nu_j + \phi^{AC} \mu_i^* \eta_k \tag{3.8}$$

このモデルには $IJK - 3I - 2J - 2K + 8$ の自由度がある。さらに単純なモデルを得るために,一貫した行スコア制約,つまりすべての i に対して $\mu_i = \mu_i^*$ という制約を課すことも可能である。この制約付きモデルは自由度 $I - 2$ を得るため,自由度は $IJK - 2I - 2J - 2K + 6$ となる。CIA モデルはなお条件付き独立性を仮定しているため,式 (3.6) の下でのオッズ比の構造は依然として維持されることに注意されたい。

3.4 完全 2 元交互作用 (FI) モデル

条件付き独立 (CI) モデルが受け入れられない場合,すべての 2 元交互作用項を含める必要があるが,3 元交互作用パラメータは含

めない。完全2元交互作用 (full two-way interaction: FI) モデル
は次のように記述できる。

$$\log F_{ijk} = \lambda + \lambda_i^A + \lambda_j^B + \lambda_k^C + \lambda_{ij}^{AB} + \lambda_{ik}^{AC} + \lambda_{jk}^{BC} \qquad (3.9)$$

自由度は $(I-1)(J-1)(K-1)$ である。変数 A が例えばコーホ
ート，調査年，国などのグループ化変数である場合，式 (3.9) は，
A の異なる水準間で連関パターンが同じであると仮定しているた
め，均一連関モデルあるいは等質連関モデルとしても知られてい
る（4.2節参照）。例えば，変数 A がエスニシティ（アジア人，ア
フリカ系アメリカ人，ヒスパニック，白人，その他）を表し，変数
B と C がそれぞれ個人の教育と職業を表す場合，FI モデルでは，
教育と職業の連関は，5つのすべてのエスニックグループ間で同じ
であると仮定している。式 (3.9) では，$\log \theta_{ijk} = 0$ のみが仮定さ
れているが，他のすべての条件付き隣接対数オッズ比は，さらに単
純化することはできない。

3.5 部分連関モデル

Agresti (1983, 1984)，Agresti & Kezouh (1983)，Choulakian
(1996)，Clogg (1982b)，Pannekoek (1985)，Wong (2001) による
取り扱いにしたがって，すべての2元交互作用項を部分連関要素
に分解することができる。最も簡単な場合を例にとると，$RC(1)+$
$RL(1)+CL(1)$ 部分連関モデルは次のような形式となる。

$$\log F_{ijk} = \lambda + \lambda_i^A + \lambda_j^B + \lambda_k^C$$
$$+ \phi_1^{AB}\mu_{i1}\nu_{j1} + \phi_1^{AC}\mu_{i1}^*\eta_{k1} + \phi_1^{BC}\nu_{j1}^*\eta_{k1}^* \qquad (3.10)$$

ここで，

$$\sum_{i=1}^{I} \mu_{i1} = \sum_{i=1}^{I} \mu_{i1}^{*} = \sum_{j=1}^{J} \nu_{j1} = \sum_{j=1}^{J} \nu_{j1}^{*} = \sum_{k=1}^{K} \eta_{k1} = \sum_{k=1}^{K} \eta_{k1}^{*} = 0,$$

$$\sum_{i=1}^{I} \mu_{i1}^{2} = \sum_{i=1}^{I} \mu_{i1}^{*2} = \sum_{j=1}^{J} \nu_{j1}^{2} = \sum_{j=1}^{J} \nu_{j1}^{*2} = \sum_{k=1}^{K} \eta_{k1}^{2} = \sum_{k=1}^{K} \eta_{k1}^{*2} = 1$$

である。つまり，モデルを識別するには，行，列，層のスコアに対する中心化制約と尺度化制約の両方が必要である。μ_{i1} と μ_{i1}^{*} は AB と AC の部分連関について推定された行スコア，ν_{j1} と ν_{j1}^{*} は AB と BC の部分連関について推定された列スコア，η_{k1} と η_{k1}^{*} は AC と BC の部分連関について推定された層スコアであり，ϕ_1^{AB}，ϕ_1^{AC}，ϕ_1^{BC} はそれぞれ AB，AC，BC の部分連関についての内的連関パラメータであることに留意されたい。モデルの自由度は $IJK - 3I - 3J - 3K + 11$ である。上記のモデルについて，それぞれの 2 元交互作用項の分解には 1 次元しかなく，異なる部分連関の間の行スコア，列スコア，層スコアに対する（一貫した）制約がないので，制約のない $RC(1) + RL(1) + CL(1)$ 部分連関モデルと呼ばれる (Wong, 2001)。

より制約のあるモデルは，行スコア，列スコア，層スコアに一貫性スコア制約を課すことである。すなわち $\mu_{i1} = \mu_{i1}^{*}$，$\nu_{j1} = \nu_{j1}^{*}$，$\eta_{k1} = \eta_{k1}^{*}$ であり，このような制約により，式 (3.10) は以下のようになる。

$$\log F_{ijk} = \lambda + \lambda_i^A + \lambda_j^B + \lambda_k^C$$
$$+ \phi_1^{AB} \mu_{i1} \nu_{j1} + \phi_1^{AC} \mu_{i1} \eta_{k1} + \phi_1^{BC} \nu_{j1} \eta_{k1} \qquad (3.11)$$

式 (3.11) は，行，列，層スコアへの一貫性スコア制約のある制約付き $RC(1) + RL(1) + CL(1)$ モデルと呼ばれている (Clogg, 1982ab)。モデルの自由度は $IJK - 2I - 2J - 2K + 5$ である。式 (3.10) と (3.11) の尤度検定統計量の比較から，自由度 $I + J + K - 6$

のカイ2乗統計量が得られ，これを用いて一貫性スコア制約が実際にデータに適合するかどうかの検定を行うことができる。もちろん，3つの変数すべてではなく，例えば $\mu_{i1} = \mu_{i1}^*$，$\nu_{j1} = \nu_{j1}^*$ であるが $\eta_{k1} \neq \eta_{k1}^*$ といったように，一部の変数にのみ一貫性スコア制約を課すことも可能だろう。

　制約のない，または，制約付き $RC(1) + RL(1) + CL(1)$ モデルがデータに適合しない場合，関係の複雑さを明確に示すために，各2元部分交互作用項の次元数を増やすことができる。最も一般的な形式は，$RC(M_1) + RL(M_2) + CL(M_3)$ モデルと名付けることができ，ここで M_1，M_2，M_3 は，それぞれ AB，AC，BC の部分連関の次元を表す (Wong, 2001)。なお，$0 \leq M_1 \leq \min(I-1, J-1)$，$0 \leq M_2 \leq \min(I-1, K-1)$，$0 \leq M_3 \leq \min(J-1, K-1)$ である。一般性を失うことなく，それぞれの組の内的連関パラメータを降順に並べることができる。実際，このモデルは前章で論じた $RC(M)$ 連関モデルの一般化である（Becker (1989a, 1992)，Goodman (1986, 1991) を参照）。したがって，$M_1^* = \min(I-1, J-1)$，$M_2^* = \min(I-1, K-1)$，$M_3^* = \min(J-1, K-1)$ である $RC(M_1^*) + RL(M_2^*) + CL(M_3^*)$ モデルはそれぞれの2元交互作用項についての飽和モデルであり，式 (3.9) の FI モデルに等しい。一般に，$RC(M_1) + RL(M_2) + CL(M_3)$ モデルは，以下のように書くことができる。

$$\log F_{ijk} = \lambda + \lambda_i^A + \lambda_j^B + \lambda_k^C + \sum_{m=1}^{M_1} \phi_m^{AB} \mu_{im} \nu_{jm}$$
$$+ \sum_{m=1}^{M_2} \phi_m^{AC} \mu_{im}^* \eta_{km} + \sum_{m=1}^{M_3} \phi_m^{BC} \nu_{jm}^* \eta_{km}^* \qquad (3.12)$$

パラメータを一意に識別するには，それぞれの2元交互作用内の行スコア，列スコア，層スコアパラメータに対する，中心化制

約，尺度化制約，次元間制約が必要である。中心化制約は次の通りである。

$$\sum_{i=1}^{I} \mu_{im} = \sum_{i=1}^{I} \mu_{im}^{*} = \sum_{j=1}^{J} \nu_{jm} = \sum_{j=1}^{J} \nu_{jm}^{*} = \sum_{k=1}^{K} \eta_{km} = \sum_{k=1}^{K} \eta_{km}^{*} = 0$$

尺度化制約と次元間制約は，次のように簡潔に書くことができる。

$$\sum_{i=1}^{I} \mu_{im}\mu_{im'} = \sum_{i=1}^{I} \mu_{im}^{*}\mu_{im'}^{*} = \sum_{j=1}^{J} \nu_{jm}\nu_{jm'} = \sum_{j=1}^{J} \nu_{jm}^{*}\nu_{jm'}^{*}$$
$$= \sum_{k=1}^{K} \eta_{km}\eta_{km'} = \sum_{k=1}^{K} \eta_{km}^{*}\eta_{km'}^{*} = \delta_{mm'}$$

ここで，$\delta_{mm'}$ は，$m = m'$ であれば $\delta_{mm'} = 1$，そうでなければ 0 となるクロネッカーのデルタである（m と m' は，特定の部分連関に適用可能な次元 M_1，M_2，M_3 によって異なる可能性があることに留意されたい）。モデルの自由度は $IJK - I - J - K + 2 - M_1(I + J - M_1 - 2) - M_2(I + K - M_2 - 2) - M_3(J + K - M_3 - 2)$ である。前章で論じたように，対数線形要素と対数乗法要素の両方を式 (3.12) に組み込んだハイブリッド部分連関モデルを作ることも可能である。いくつかのハイブリッドモデルには次元間制約を課す必要がないため，この代替モデルは研究者によっては魅力的である可能性がある。

式 (3.12) に基づき，$RC(M_1) + RL(M_2) + CL(M_3)$ モデル下での，C が与えられたときの A と B，B が与えられたときの A と C，A が与えられたときの B と C の条件付き局所オッズ比は

$$\log \theta_{ij(k)} = \sum_{m=1}^{M_1} \phi_m^{AB} \left(\mu_{i+1,m} - \mu_{im} \right) \left(\nu_{j+1,m} - \nu_{jm} \right),$$

$$\log \theta_{i(j)k} = \sum_{m=1}^{M_2} \phi_m^{AC} \left(\mu_{i+1,m}^* - \mu_{im}^* \right) \left(\eta_{k+1,m} - \eta_{km} \right),$$

$$\log \theta_{(i)jk} = \sum_{m=1}^{M_3} \phi_m^{BC} \left(\nu_{j+1,m}^* - \nu_{jm}^* \right) \left(\eta_{k+1,m}^* - \eta_{km}^* \right)$$

そして，A，B，C についての局所オッズ比は以下のようになる。

$$\log \theta_{ijk} = 0$$

したがって，$RC(M_1) + RL(M_2) + CL(M_3)$ モデルは，A，B，C の間に3元交互作用を仮定しておらず，条件付き対数オッズ比は，異なる次元間についての行スコア，列スコア，層スコアとそれぞれの内的連関パラメータの積和の関数として単純に書くことができる。$M_1 = M_2 = M_3 = M$ の場合，制約のない $RC(M) + RL(M) + CL(M)$ モデルの自由度は $IJK - I - J - K + 2 - M(2I + 2J + 2K - 3M - 6)$ に簡略化できる。

同様の一貫性スコア制約を $RC(M) + RL(M) + CL(M)$ モデルに容易に適用することができるが，すべてのパラメータを一意に識別するのにすべての次元間制約が必要とされるわけではないため，特定のモデルの正確な自由度の計算はより複雑になる。Wong (2001) が指摘するように，行スコア，列スコア，層スコアへの一貫性スコア制約のある制約付き $RC(M) + RL(M) + CL(M)$ モデルを一意に識別するためには，行スコア，列スコア，または層スコアへのいずれかの1組の次元間制約だけで十分である。例えば，一貫性スコア制約のある $RC(2) + RL(2) + CL(2)$ モデルについては，3つではなく，$\{\mu_{i1}, \mu_{i2}\}$，$\{\nu_{j1}, \nu_{j2}\}$，$\{\eta_{k1}, \eta_{k2}\}$ のいずれかに1つの次元間制約が必要である。すなわち，(i)$\sum_{i=1}^{I} \mu_{i1}\mu_{i2} = 0$, (ii)$\sum_{j=1}^{J} \nu_{j1}\nu_{j2} = 0$, (iii)$\sum_{k=1}^{K} \eta_{k1}\eta_{k2} = 0$ のいずれかの制約を課すことができる。

同様に，制約付き $RC(3) + RL(3) + CL(3)$ モデルでは，9つではなく3つの次元間制約のみが $\{\mu_{i1}, \mu_{i2}, \mu_{i3}\}$，$\{\nu_{j1}, \nu_{j2}, \nu_{j3}\}$，または $\{\eta_{k1}, \eta_{k2}, \eta_{k3}\}$ に対して必要である。つまり，

(i) $\displaystyle\sum_{i=1}^{I} \mu_{i1}\mu_{i2} = \sum_{i=1}^{I} \mu_{i1}\mu_{i3} = \sum_{i=1}^{I} \mu_{i2}\mu_{i3} = 0$

(ii) $\displaystyle\sum_{j=1}^{J} \nu_{j1}\nu_{j2} = \sum_{j=1}^{J} \nu_{j1}\nu_{j3} = \sum_{j=1}^{J} \nu_{j2}\nu_{j3} = 0$

(iii) $\displaystyle\sum_{k=1}^{K} \eta_{k1}\eta_{k2} = \sum_{k=1}^{K} \eta_{k1}\eta_{k3} = \sum_{k=1}^{K} \eta_{k2}\eta_{k3} = 0$

のいずれかの制約が必要である。一般に，すべての次元間で行スコア，列スコア，層スコアに一貫したスコア制約を課した制約付き $RC(M) + RL(M) + CL(M)$ モデルには，$IJK - I - J - K + 2 - M(I + J + K - 3) + M(M - 1)/2$ の自由度がある。すべての次元ではなくその一部に一貫性スコア制約のある制約付き $RC(M) + RL(M) + CL(M)$ モデルには，次元間の制約が必要ないものもある。例えば，先ほどの $RC(2) + RL(2) + CL(2)$ モデルの場合では，行スコア，列スコア，層スコアへの一貫性スコア制約が第1次元のみに適用されるならば，次元間制約，すなわち直交化制約 (orthogonal restriction) を課す必要はない。

3.6　制約と自由度の特定

上記の議論は，与えられたモデルの正確な自由度をどのように計算するかについて，興味深いがほとんど注目されることのない問題を提起している。一般に，次元間制約の数は，ヤコビアンのランクを計算することによって求めることができる (Goodman, 1974; Siciliano & Mooijaart, 1997)。ほとんどの実用的な目的では，す

べてではないにしても一部の次元間制約を緩和できるかどうかを判断するために，Wong (2001) によって提案された経験的な手順にしたがうことがおそらく簡単だろう。第2章で説明したように，モデルの自由度は，セルの総数から一意なパラメータの数を引いた値に等しくなるが，一意なパラメータの数は，課される識別制約の数にも依存する。例えば，中心化と尺度化の両方の制約が M 次元連関モデルの行スコアに適用される場合，$(I-2)M$ 個の行スコアパラメータが一意に識別される。一方，識別のために次元間制約を課す必要がある場合，一意に識別されるパラメータの数は $(I-2)M - M(M-1)/2$ となる。同じルールは，列スコアや層スコアのパラメータにも適用される（もしそれらがある場合には）。

　ある識別制約が必要かどうかを判断するには，そのような制約の目的が，数値の不確定性の問題を解決し，収束した推定値が一意であることを保証するためであるという認識が重要である。これは，共分散構造分析における**過小識別** (underidentified) モデルに類似している。つまり未知パラメータの数が利用可能な分散および共分散の数よりも大きい場合，1つの連立方程式に対して無数の解が存在することがある。識別制約の有無は適合度統計量に影響を与えないはずである。以下で詳細に説明する Wong (2001) によって概説された経験的な手順は，この性質を使用して，課すことができる次元間制約がすべて必要なのか，そのうちのいくつかのみが必要なのか，それとも全く必要ないのかを検証し，正しい自由度を報告する。提案された戦略は，制約付き多次元条件付き連関モデルに必要である。なぜなら，それらの多くは制約を必要としないか，予想よりも少ない制約を必要とするからである。

　次元間制約が必要かどうかを判断する手順の概要を次に示すが，この手順は他の制約にも同様に適用される。

(a) まず反復段階で次元間制約のないモデルを推定し，対数尤度適合度統計量 (L_1^2) とパラメータ推定値 ($\tilde{\boldsymbol{\beta}}_1$) を記録する。

(b) 別の（ランダムな）初期値を使用してモデルを再推定し，対数尤度適合度統計量 (L_2^2) とパラメータ推定値 ($\tilde{\boldsymbol{\beta}}_2$) を記録する。適合度統計量とパラメータ推定値が同じままであれば，次元間制約は必要なく，推定値は一意である（追加制約なし）。ただし，パラメータの推定値が異なるにもかかわらず，適合統計量のみが同じである場合は，いくつかの次元間制約が必要であることを意味する。このときは，ステップ (c) 以降の手順で課すべき制約を吟味する。

(c) 候補となる次元間制約のリストを作成し，反復段階で 1 つの制約のみを追加し，収束した適合度統計量 L_3^2 を L_1^2 と比較する。もし，$L_1^2 = L_3^2$ であれば，この特定の次元間制約が必要となる。そうでなければ，候補となるすべての制約がテストされるまで，別の制約に進む。

(d) ステップ (c) の結果をもとに，同時に「必要」な制約を 2 つ加え，テスト統計値 L_4^2 と L_1^2 を比較する。結果が同じ場合は，両方の制約が必要である。制約のリストが完全になくなるまで，段階的に制約を追加していく。次元間制約は，行スコア，列スコアまたは層スコアパラメータに個別に適用できるが，同時に適用できない場合があるため，徐々に増加させていく手順が必要となる。

(e) 最後に，ステップ (d) で得られた有効な次元間制約の数にしたがって自由度を調整する。

3.7　連関のある条件付き独立モデルの例

　表 3.1 は，個人の政治的志向 (POLVIEWS)，ジェンダー分業に対

表 3.1　政治的志向，ジェンダー分業に対する態度，福祉支出に対する態度のクロス分類表

	福祉支出に対する態度 (NATFARE)											
	少なすぎる				ちょうどよい				多すぎる			
政治的志向	男は外で働き，女は家事をすべきである (FEFAM)											
(POLVIEWS)	SD	D	A	SA	SD	D	A	SA	SD	D	A	SA
(1)強くリベラル	9	5	5	1	1	6	5	1	2	2	2	1
(2)リベラル	17	13	7	4	13	22	9	1	7	13	6	2
(3)ややリベラル	8	14	6	0	10	29	10	0	5	14	6	2
(4)中道	20	38	24	8	23	72	34	10	17	67	36	12
(5)やや保守	4	21	12	4	7	30	9	1	9	19	14	2
(6)保守	2	9	8	3	1	16	19	2	11	28	28	11
(7)強く保守	0	1	5	0	2	3	3	2	2	7	6	6

出典：2006 年総合的社会調査
注) SD：強く反対／ D：反対／ A：賛成／ SA：強く賛成

する態度 (FEFAM)，国家の福祉支出に対する態度 (NATFARE) の間の3元クロス分類表である。POLVIEWS，FEFAM，NATFARE は，それぞれ行変数，列変数，層変数を表すことに注意してほしい。この表は 2006 年の**総合的社会調査**から集計されており，926 人の回答者がいる。POLVIEWS は自らが考える政治的志向尺度であり，(1) 強くリベラル，(2) リベラル，(3) ややリベラル，(4) 中道，(5) やや保守，(6) 保守，(7) 強く保守，の7つのカテゴリがある。FEFAM は，「男性は家の外で働き，女性は家事と家族の世話をするべきである」という意見に対する賛成の度合いを測定したものである。回答は強く反対，反対，賛成，強く賛成，に整理されている。最後に，NATFARE は，国家の福祉支出について，少なすぎる，ちょうどよい，多すぎる，という3つの回答カテゴリを示している。これは，2.10 節の例の延長線上にある。2.10 節では，政治的に保守的な（またはリベラルな）人ほど，ジェンダーの「領域分離」イデオロギーに賛成する（または反対する）可能性が高いことを明らか

表 3.2 表 3.1 の部分連関分析

モデルの説明	自由度	L^2	BIC	Δ	p
1. 完全独立	72	167.59	-324.24	14.13	0.000
2. 完全 2 元交互作用	36	35.35	-210.56	5.72	0.499
3. 条件付き独立 (POLVIEWS)	42	47.25	-239.65	7.30	0.267
4. 条件付き独立 (FEFAM)	48	87.33	-240.56	10.33	0.001
5. 条件付き独立 (NATFARE)	54	91.04	-277.83	10.08	0.001
6. $RC(1) + RL(1)$ 部分連関	57	68.58	-320.78	8.83	0.140
7. モデル 6 に一貫した行スコア制約を追加	62	72.77	-350.74	9.07	0.165
8. モデル 6 に一貫した行スコア制約と等値制約を追加	64	73.59	-363.58	9.21	0.193

注:POLVIEWS, FEFAM, NATFARE はそれぞれ行, 列, 層変数

にした。ここでの関心は, 国家の福祉支出に対する態度との相互関係をさらに理解することである。

予想通り, 完全独立 (I) モデル (表 3.2 の 1 行目) はデータにうまく適合しない。このモデルの自由度は 72, 適合度統計量 L^2 は 168 であり, 14% 強が誤分類された。一方, いくつかあるいはすべての 2 元交互作用パラメータをもつモデルの相対的な適合度は, 完全独立モデルよりも著しく良好である。完全交互作用 (FI) モデル (2 行目) の自由度は 36, L^2 は 35.35 となり, $p < 0.50$ で明らかに好ましい。次の 3 つのモデル (3 行目から 5 行目) は, 異なる特定化の条件付き独立 (CI) モデルである。結果から, 個人の政治的志向 (POLVIEWS) を条件付けると, FEFAM と NATFARE は独立であることを示している (3 行目)。このモデルの自由度は 42, L^2 は 47 であり, 観察された FEFAM と NATFARE の関係は POLVIEWS が統制されると疑似的な関係であるように見える。2 つの変数のどちらも個人の政治的志向によって決定されるのである。

モデル 2 とモデル 3 の対比より, 自由度の差は 6, L^2 の差は 11.9 でカイ 2 乗統計量は有意傾向にあり ($p = 0.06$), FEFAM と NATFARE

表 3.3　選択された部分連関パラメータ (POLVIEWS × FEFAM × NATFARE)

		モデル 6	モデル 7	モデル 8
POLVIEWS × FEFAM 部分連関				
ϕ_{RC}		1.983	1.950	1.942
		(0.744)	(0.374)	(0.374)
μ_i	強くリベラル	−0.189	−0.413	−0.403
		(0.175)	(0.111)	(0.043)
	リベラル	−0.456	−0.386	−0.403
		(0.112)	(0.083)	(0.043)
	ややリベラル	−0.365	−0.269	−0.279
		(0.115)	(0.084)	(0.082)
	中道	−0.013	0.027	−0.002
		(0.082)	(0.057)	(0.047)
	やや保守	−0.063	−0.056	−0.002
		(0.111)	(0.077)	(0.047)
	保守	0.421	0.494	0.492
		(0.124)	(0.084)	(0.084)
	強く保守	0.665	0.601	0.597
		(0.110)	(0.086)	(0.087)
ν_j	強く反対	−0.703	−0.726	−0.733
		(0.064)	(0.059)	(0.058)
	反対	−0.208	−0.170	−0.162
		(0.094)	(0.093)	(0.093)
	賛成	0.300	0.304	0.313
		(0.110)	(0.111)	(0.111)
	強く賛成	0.610	0.593	0.582
		(0.092)	(0.095)	(0.097)

注：括弧内の値は漸近標準誤差　　　　　　　　（続く）

間の交互作用を含めても得られるものが比較的少ないことを示している。6 行目のモデルは，モデル 3 の条件付き独立パラメータを，$RC(1)$ と $RL(1)$ 部分連関パラメータ（詳細は式 (3.8) を参照）を使用してさらに分解している。このモデルの相対的な適合度はわず

（表 3.3 続き）

		モデル 6	モデル 7	モデル 8
POLVIEWS × NATFARE 部分連関				
ϕ_{RL}		1.567	1.438	1.412
		(0.405)	(0.226)	(0.226)
μ_i	強くリベラル	−0.606	−0.413	−0.403
		(0.124)	(0.111)	(0.043)
	リベラル	−0.275	−0.386	−0.403
		(0.115)	(0.083)	(0.043)
	ややリベラル	−0.158	−0.269	−0.279
		(0.113)	(0.084)	(0.082)
	中道	0.065	0.027	−0.002
		(0.072)	(0.057)	(0.047)
	やや保守	−0.051	−0.056	−0.002
		(0.100)	(0.077)	(0.047)
	保守	0.512	0.494	0.492
		(0.104)	(0.084)	(0.084)
	強く保守	0.514	0.601	0.597
		(0.125)	(0.086)	(0.087)
η_k	あまりに少ない	−0.607	−0.580	−0.569
		(0.076)	(0.084)	(0.087)
	ちょうどよい	−0.169	−0.207	−0.222
		(0.111)	(0.116)	(0.117)
	あまりに多い	0.776	0.788	0.791
		(0.035)	(0.032)	(0.030)

かに低下するが，適合度の低下は統計的に有意ではなく（自由度および L^2 の差が 15 および 21.33 で，$p = 0.12$），むしろ好ましい。最後に，7 行目のモデルは，POLVIEWS 変数に一貫した行スコア制約を課し（すなわち，$\mu_i = \mu_i^*$），8 行目のモデルは，モデル 7 に $\mu_1 = \mu_2$ と $\mu_4 = \mu_5$ となるような等値制約をさらに課す。つまり，強くリベラルとリベラルの間，そして中道とやや保守の間で間隔は同じとする。この制約は $RC(1)$ と $RL(1)$ の部分連関に見られる単

調な関係を維持するのに役立つ。どちらの場合も，適合度の低下は
ごくわずかであるが，モデル8ではこれら3つの変数間の関連を，
最も簡単に理解することができる。

　前ページの表3.3は，表3.2のモデル6～8のパラメータ推定値
と漸近標準誤差をまとめている。これらのモデルの点推定値はわず
かに異なるだけなので，以下の議論は主にモデル8（つまり，一貫
した行スコア制約と等値制約のあるモデル）に焦点を当てる。条件
付き独立 (CIA) モデルからは，POLVIEWS が与えられると，FEFAM
と
NATFARE の間の関係が条件付き独立であるだけでなく，その関係
を高度にパラメータ化された形式でも適切に記述できることがわか
る。一般的に，ある個人の政治的志向がリベラルになるほど，「ジ
ェンダー化した」分業に反対し，米国政府が国民福祉制度に十分な
支出をしていないと考える可能性が高くなる。しかし，ジェンダー
化した分業と福祉支出の関係は疑似的なものである。この2つの
間に観察されたいかなる関連も，主に個人の政治的志向による結果
である。さらに，これらの部分的関係は，強くリベラルな人々とリ
ベラルな人々との間，そして中道な人々とやや保守的な人々との間
に大きな違いがないことを除いて，単調になる傾向がある。振り返っ
てみれば，POLVIEWS と FEFAM との関係について倹約的に理解す
るために，$\mu_1 = \mu_2$ や $\mu_4 = \mu_5$ という制約を表2.4の RC モデル
にもっと早くから課すことができただろう。

3.8　部分連関モデルの例

　表3.4は，生活満足度の3つの指標をクロス分類したものであ
る。それらは家族 (R)，家族の住居 (C)，趣味 (L) に対する満足度
であり，行変数，列変数，層変数にそれぞれ対応する。各変数は

表 3.4　生活満足度の 3 つの指標のクロス分類表

L	R	$C=1$	$C=2$	$C=3$	$C=4$
1	1	76	14	15	4
1	2	32	17	7	3
1	3	64	23	28	15
1	4	41	11	27	16
2	1	15	2	7	4
2	2	27	20	9	5
2	3	57	31	24	15
2	4	27	9	22	16
3	1	13	6	13	5
3	2	12	13	10	6
3	3	46	32	75	20
3	4	54	26	58	55
4	1	7	6	7	6
4	2	7	2	3	6
4	3	12	11	31	15
4	4	52	36	80	101

注：変数 L, R, C はそれぞれ趣味，家族，住居への満足度を示す。変数のコードは 1（ある程度満足／いくらか満足／ほとんど満足してない／まったく満足してない），2（かなり満足），3（おおいに満足），4（ものすごく満足）である。この表は Clogg (1982b, Table 3) によって分析され，1977 年の**総合的社会調査**より得られている。

4 つのカテゴリをもつように再コード化されている。1 はある程度満足／いくらか満足／ほとんど満足していない／まったく満足していないを統合しており，2 はかなり満足している，3 はおおいに満足，4 はものすごく満足している，である。合計 1,509 の個人がいる。この表は 1977 年の**総合的社会調査**から得られ，Clogg (1982b) によって様々な分析が行われている。以下の再分析により，3 つの変数間の関係について，新たなより良い理解が得られる。

表3.5　表3.4への部分連関分析

モデルの説明	自由度	L^2	BIC	Δ	p
1. 完全独立	54	544.37	149.13	23.73	0.000
2. 制約なし $RC(1) + RL(1) + CL(1)$	39	109.23	−176.22	9.81	0.000
3. 一貫性スコア制約のある制約 $RC(1) + RL(1) + CL(1)$	45	123.70	−205.66	10.90	0.000
4. 一貫したセルを正確に適合した制約なし $RC(1) + RL(1) + CL(1)$	35	37.68	−218.49	4.63	0.347
5. 一貫性スコア制約と一貫したセルを正確に適合した制約 $RC(1) + RL(1) + CL(1)$	41	49.15	−250.93	5.50	0.179
6. 完全2元交互作用	27	29.00	−168.62	4.86	0.361
7. 一貫したセルを正確に適合した完全2元交互作用	23	21.93	−146.41	3.70	0.524
8. すべての部分連関への制約なし一様対数乗法連関 $U_{RC} + RC(1) + U_{RL} + RL(1) + U_{CL} + CL(1)$	36	45.85	−217.64	6.25	0.126
9. 一貫した行スコアのモデル8	38	47.13	−231.00	6.25	0.147
10. 一貫した列スコアのモデル8	38	50.90	−227.23	6.31	0.079
11. 一貫した層スコアのモデル8	38	53.63	−224.50	6.58	0.048
12. モデル9 + $U_{RL} = U_{CL}$	39	48.57	−236.88	6.57	0.140
13. 一貫したスコア制約のあるモデル8	42	55.07	−252.34	6.69	0.085
14. モデル13 + $U_{RL} = U_{CL}$	43	55.96	−258.77	6.82	0.089
15. モデル14 − $CL(1)$	44	55.98	−266.06	6.83	0.106

　完全独立 (I) モデル（表3.5の1行目）は自由度が54で L^2 は544であり，生活満足度の3つの指標が系統的に互いに関連していることを明確に示している。2行目から5行目のモデルは，3つの指標の関係を説明するために Clogg (1982b) によって報告された一連のモデルを再現している。モデル2は，すべての2元交互作用パラメータを1次元部分連関要素に分解する（詳細は式 (3.10) を参照）。このモデルの適合度統計量はモデル1よりも大幅に改善したが，それでも明らかにデータにはうまく適合していない（自由度は39，L^2 は109）。行スコア，列スコア，層スコアに一貫性スコア制約をもつモデル3（式 (3.11)）は，データにかなり適合し

ているように見えるが，それでもこのモデルの全体的な適合度は，
満足のいくものではない。

Clogg (1982b) は，上記モデルが満足のいく結果を提供できない
主な理由を，クロス分類表における4つの一貫したセル，すなわ
ち，$(1,1,1)$, $(2,2,2)$, $(3,3,3)$, $(4,4,4)$ セルが原因であると推測
した。言い換えれば，生活満足度の3つの指標に対して常に「満
足してる」または「満足していない」と評価する個人らは，より大
きな集団とはかなり異なるということである。実際 Clogg (1982b)
は，これら4つのセルすべてがブロック[b]されているか，あるいは
正確に適合している場合[c]に，関係を最もよく説明できるいくつか
の連関モデルを発見することができた。それらは表3.5の4行目と
5行目に再現されている。これらの間の主な違いは，後者には一貫
したセルのブロックに加えて，異なる部分連関の間の行スコア，列
スコア，層スコアに一貫したスコア制約があるという点である。モ
デル4と5の適合度統計量は満足のいくものであるが（それぞれ
自由度と L^2 が35と37.68および41と49.15），ここでは一歩下が
って，このような処理がそもそもデータに適合しているかどうかと
いう問いを立てたい。

4つの一貫したセルをブロックする際の暗黙の仮定は，これら
のセルについて，生活満足度の3つの指標の間に3元交互作用が
あることである。この仮定はどの程度，既存のデータに適合する
のだろうか。6行目と7行目のモデルは，この懸念に対して直接
的な回答を与えるものである。検定統計量に基づけば，FI モデル
（6行目）がこれまで議論したどのモデルよりも好ましいモデルで
あることを，棄却することはできない。自由度が27，L^2 が29で
あり，統計的に有意ではない。同様に，一貫したセルを正確に適

---

[b]訳注：セルの度数を0としたり，重みを0とする。
[c]訳注：特定のセルについてのパラメータを指定し，推定する。

合させて再推定した FI モデル（7行目）も，満足のいく結果である。実際，これら2つのモデル間の適合度統計量の対比は，Clogg (1982b) の処理とは異なり，4つの一貫したセルが完全2元交互作用からの逸脱の真の原因はではないことを示している。その結果，Clogg の推奨するモデル（4行目および5行目）は，生活満足度の3つの指標間の関係について，良くて不完全な実態を示し，悪ければ誤解を招くような理解をもたらす。

　3つの部分連関要素のすべての複雑さを完全に把握するためには，3つの部分連関項の次元を増やすことが好ましい。8行目のモデルでは，各部分連関に一様連関要素を含めることで，2次元連関パラメータを導入している。このモデルは自由度を3を使い，結果として自由度は36，L^2 は45.85となる。統計的には，結果は10%水準で許容できる。9行目から11行目のモデルは，行スコア，列スコア，層スコアのいずれかについて，それらが異なる部分連関要素間で実際に一貫しているかどうかを検定しようとしている。結果から，一貫した行スコア制約のみがデータに適合しているようだ（9行目）。モデル9の条件の下，12行目では RL と CL の間で部分一様連関パラメータが同じであるという制約がさらに課されている。この結果は支持できそうだ。

　モデル13では，代わりに行スコア，列スコア，層スコアに一貫性スコア制約を課す。モデル8と比較すると，モデル13は自由度が6増え，L^2 の差は9.22（$p = 0.16$）であり，わずかに好ましい。報告されたパラメータ推定値を精査すると，RL と CL の部分連関における一様連関パラメータを等しくできそうである。そしてこの仮説は14行目のモデルで検証され，適合度統計量の変化は無視できる程度であるという結果が得られた。最後に，この推定値はさらに CL の部分連関を説明するために，対数乗法要素を含める必要がないことを示している。代わりに，CL の部分連関要素における

単一の一様連関パラメータ (U_{CL}) によって，その連関は適切に捉えることができる。15 行目の適合度統計量は，仮説が実際にデータに適合しており，棄却できないことを再度裏付けている。

したがって，このように 2 次元ハイブリッド（対数線形と対数乗法）部分連関モデルを含めることで，生活満足度の 3 つの指標の間の複雑な関係を理解するための 3 つの代替的なモデルの特定化に，最終的にたどり着いた。これらは以前に Clogg (1982b) によって報告されたものとは全く異なる。彼が採用したモデルは，3 つの指標の間の 3 元交互作用についての経験的な裏付けがほとんどないため，実際にはここで示されたものよりも複雑である。もちろん，これは 3 つの指標間の部分連関のパターンが単純であることを意味しない。

複雑な部分連関パターンを十分に理解するために，表 3.5 のモデル 9，12，15 のパラメータ推定値とそれらの漸近標準誤差を表 3.6 に示す。これら 3 つのモデルから得られた推定値の間にはわずかな差しかないので，これらのモデルは生活満足度の 3 つの指標間について，むしろ類似した関連性を示している。3 つのモデルはすべて，それぞれの部分連関の中で 2 次元連関パターンの重要性を指摘するが，例外としてモデル 15 では，住居に対する満足度と趣味の満足度の間の部分連関は，1 つの部分一様連関パラメータ (U_{CL}) によって捉えることができる。家族に対する満足度と趣味の満足度の間の部分内的連関 ($\phi_{RL} = 1.1$) は，家族に対する満足度と住居に対する満足度との間の連関 ($\phi_{RC} = 0.6$) に比べて特に強い。ϕ_{CL} のパラメータ推定値はモデル 9 と 12 で統計的に有意であるが，CL 部分連関の下で推定された列と行スコアパラメータ（それぞれ ν_j と η_k）の大部分は漸近標準誤差が大きく，統計的に有意ではない。このことは，なぜモデル 15 で対数乗法 CL 部分連関を除いても，適合度の有意な低下をもたらさないかを明確に示し

表 3.6　表 3.4 へ適用した部分連関モデルの選択されたパラメータ推定値

		モデル 9	モデル 12	モデル 15
RC 部分連関（家族と住居）				
U		0.134	0.133	0.133
		(0.025)	(0.025)	(0.025)
ϕ_{RC}		0.661	0.640	0.642
		(0.140)	(0.137)	(0.138)
μ_i	ある程度満足	0.561	0.538	0.544
		(0.079)	(0.079)	(0.078)
	かなり満足	−0.593	−0.598	−0.598
		(0.070)	(0.069)	(0.069)
	おおいに満足	−0.392	−0.389	−0.388
		(0.084)	(0.084)	(0.084)
	ものすごく満足	0.424	0.449	0.443
		(0.089)	(0.085)	(0.085)
ν_j	ある程度満足	0.160	0.181	0.172
		(0.146)	(0.151)	(0.150)
	かなり満足	−0.736	−0.742	−0.745
		(0.089)	(0.089)	(0.086)
	おおいに満足	−0.076	−0.081	−0.068
		(0.157)	(0.160)	(0.154)
	ものすごく満足	0.653	0.641	0.641
		(0.109)	(0.114)	(0.113)

注：行 (*R*)，列 (*C*)，層 (*L*) 変数はそれぞれ家族，住居，趣味である。括弧内の値は漸近標準誤差である。　　　　　　　　（続く）

ている。

　もうひとつの重要な結果は，3つの指標についての行スコア，列スコア，層スコア（それぞれ μ_i, ν_j, η_k）の推定値がきれいに単調となる順序付けをもたないことである。このことは，各部分連関の中に1次元の連関要素のみを含むモデルが，満足のいく適合度を示さない理由を説明している。Clogg (1982b) の場合，彼は許容

（表 3.6 続き）

		モデル 9	モデル 12	モデル 15
RL 部分連関（家族と趣味）				
U_{RL}		0.248	0.224	0.229
		(0.025)	(0.016)	(0.016)
ϕ_{RL}		1.137	1.140	1.138
		(0.140)	(0.137)	(0.137)
μ_i	ある程度満足	0.561	0.538	0.544
		(0.079)	(0.079)	(0.078)
	かなり満足	−0.593	−0.598	−0.598
		(0.070)	(0.069)	(0.069)
	おおいに満足	−0.392	−0.389	−0.388
		(0.084)	(0.084)	(0.084)
	ものすごく満足	0.424	0.449	0.443
		(0.089)	(0.085)	(0.085)
η_k	ある程度満足	0.051	0.045	0.048
		(0.090)	(0.089)	(0.089)
	かなり満足	−0.662	−0.662	−0.658
		(0.060)	(0.059)	(0.060)
	おおいに満足	−0.126	−0.122	−0.130
		(0.090)	(0.085)	(0.084)
	ものすごく満足	0.737	0.738	0.740
		(0.049)	(0.049)	(0.048)

（続く）

できる結果を達成するために，恣意的に 4 つの一貫したセルを固定した。結果的に，彼は 3 つの指標の間に単純な線形関係があると誤って結論付けた。残念ながら，実際の部分連関パターンははるかに複雑である。「ある指標の生活満足度が高いほど，他の指標の満足度も高い」という単純な主張は，たやすく支持はできないのである。

（表 3.6 続き）

		モデル 9	モデル 12	モデル 15
CL 部分連関（住居と趣味）				
U_{CL}		0.203	0.224	0.229
		(0.023)	(0.016)	(0.016)
ϕ_{CL}		0.284	0.276	—
		(0.101)	(0.102)	
ν_j	ある程度満足	−0.337	−0.278	—
		(0.301)	(0.308)	
	かなり満足	−0.089	−0.140	—
		(0.361)	(0.370)	
	おおいに満足	0.841	0.848	—
		(0.089)	(0.080)	
	ものすごく満足	−0.415	−0.430	—
		(0.323)	(0.323)	
η_k	ある程度満足	−0.090	0.017	—
		(0.361)	(0.368)	
	かなり満足	−0.621	−0.652	—
		(0.240)	(0.230)	
	おおいに満足	0.776	0.749	—
		(0.152)	(0.180)	
	ものすごく満足	−0.065	−0.114	—
		(0.323)	(0.332)	

第4章

3元表に対する
条件付き連関モデル

　ほとんどの社会科学の応用研究では，分析に2元と3元（そして より高次）のいずれの交互作用項も含まれている。例えば，層変数がグループ化変数である場合には，行変数と列変数の連関が，グループ化変数の全範囲で同じかどうかに関心がある。繰り返しになるが，**グループ化変数**という用語は，最も包括的な形で定義されており，1つ以上の変数を含む場合がある。行変数と列変数の間の連関がグループ化変数の全範囲で異なることが判明した場合，例えば，線形や2次曲線のトレンド制約やANOVA的分解法 (Wong, 1995) を使用して実質的に解釈可能な要素をモデル化することにより，シンプルな理解を試みる。一方，層変数がグループ化変数ではなく，そして複雑な3元またはより高次の交互作用に関心がある場合，3モード連関モデル (three-mode association model) やそれと関係するモデルのほうがより適切だろう (Anderson, 1996; Siciliano & Mooijaart, 1997; Tucker, 1966；制約付き3モード連関モデルと本章で議論されているいくつかの条件付き連関モデルとの関係については，特にWong (2001) を参照)。ただし限られた紙幅のため，これらについて本書では説明しない。

　前章で紹介した部分連関モデルとは異なり，行変数と層変数の間の関連と列変数と層変数の間の関連は重要でないものとして扱われ，したがってそれらに対応するパラメータは分解されない。代わ

りに，層変数を条件付けたときの行変数と列変数の連関に主に関心
がある。本章で紹介する様々なモデルは，専門的な用語では，条件
付き連関モデル (conditional association models) と呼ばれる。こ
れらモデルは条件付き独立モデルからの逸脱を捉え，グループに
よる違いがどこにあるのかを具体的に特定するための，興味深い
方法を提供する（特に，Becker (1989ab, 1990)，Becker & Clogg
(1989)，Clogg (1982ab)，Clogg & Shihadeh (1994)，Erikson &
Goldthorpe (1992)，Goodman & Hout (1998, 2001)，Wong (1990,
1992, 1995)，Xie (1992)，Yamaguchi (1987) の研究に注目されたい）。

4.1　条件付き独立 (CI) ／条件付き $RC(0)$ モデル

　それぞれ行，列，層を表す 3 つの変数 A, B, C があり，変数
C をグループ化変数とする。第 3 章での説明と同様に，条件付き
独立 (CI) モデル（式 (3.3) と比較せよ）は次のように書くことが
できる。

$$\log F_{ijk} = \lambda + \lambda_i^A + \lambda_j^B + \lambda_k^C + \lambda_{ik}^{AC} + \lambda_{jk}^{BC} \qquad (4.1)$$

なお，$\lambda_{ij}^{AB} = \lambda_{ijk}^{ABC} = 0$ である。この特定化でモデルは変数 C を
統制した後，変数 A と B の間には関連がないと仮定している。言
い換えれば，統合された表で観察される AB の交互作用は，大部
分が疑似的であり，むしろ共通変数 C が原因で生じている。CI モ
デルの自由度は $(I-1)(J-1)K$ である。式 (4.1) は対数乗法行・
列効果の要素を含まないので，条件付き $RC(0)$ モデルと呼んでも
よい。第 3 章によれば，CI モデルでは，C が与えられた下での A
と B の条件付き局所対数オッズ比と条件付き局所対数オッズ比の
比は同じ結果となる。

$$\log \theta_{ij(k)} = \log \theta_{ijk} = 0 \qquad (4.2)$$

4.2 等質／均一連関モデル

もし $\lambda_{ijk}^{ABC} = 0$ という制約を課すだけであれば，式 (4.1) はすべての（あるいは完全な）2元交互作用のある従来の対数線形モデル（あるいは式 (3.9) の FI モデル）となる。このモデルは，行変数と列変数の間の特定化されていない連関パターンが，層間で異なることはないと仮定しているため，等質連関 (homogeneous association) または均一連関 (constant association) モデルとも呼ばれる。別の言い方をすれば，このモデルは層間で不変のオッズ比を仮定しており，次のように書くことができる。

$$\log F_{ijk} = \lambda + \lambda_i^A + \lambda_j^B + \lambda_k^C + \lambda_{ik}^{AC} + \lambda_{jk}^{BC} + \lambda_{ij}^{AB} \qquad (4.3)$$

そして，対応する条件付き局所オッズ比は

$$\log \theta_{ij(k)} = \log \theta_{ij} \qquad (4.4)$$

そして，条件付き局所オッズ比の比は以下の通りである。

$$\log \theta_{ijk} = 0$$

ここで $i = 1,\ldots,I,\ j = 1,\ldots,J,\ k = 1,\ldots,K$ である。このモデルの自由度は $(I-1)(J-1)(K-1)$ である。

4.3 3元交互作用／飽和モデル

最後に，λ_{ij}^{AB} 項と λ_{ijk}^{ABC} 項の両方が含まれている場合，モデルは自由度 0 で完全に飽和する。3元交互作用モデルあるいは飽和モデルは，次のように表すことができる。

$$\log F_{ijk} = \lambda + \lambda_i^A + \lambda_j^B + \lambda_k^C + \lambda_{ik}^{AC} + \lambda_{jk}^{BC} + \lambda_{ij}^{AB} + \lambda_{ijk}^{ABC}$$

$$(4.5)$$

　これまで，実践において研究者が式 (4.3) と式 (4.5) のどちらか
を選ばざるを得ないというジレンマに直面することがよくあった。
一方で，従来の統計的検定理論によれば，均一連関モデルの自由
度に対する適合度統計量は，通常うまく適合せず，そのため飽和モ
デルのほうが好ましいとされている。これは，サンプルサイズが
比較的大きい場合に特に当てはまる。他方，BIC や AIC のような
他のモデル選択の戦略は，科学的倹約性の原理によって，均一連関
モデルを好む傾向がある。実際には，研究者たちは両方の対数線形
モデルが間違っていることを認識しており，別の（おそらくより）
間違ったモデルではなく，ある間違ったモデルを選択することは，
正しい戦略でも正当化できる戦略でもないだろう。「真」のモデル
はこの 2 つの間のどこかにあるので，グループ間の違いを見つけ，
さらには連関のパターン（構造）を連関の水準（集団間の差）から
分離して区別するのに十分な力をもつ中間的な統計モデルを開発す
る必要がある。例えば，オッズ比の集合が，グループ化された変数
の間に共通するある特定の構造をもつが，連関の水準はグループ間
で異なることが明らかになれば興味深いだろう。

4.4　グループ差をモデル化する層効果モデル

　グループ差を検出する最初のモデル一式は，層効果モデル (layer
effect model) として知られている (Erikson & Goldthorpe, 1992;
Goodman & Hout, 1998, 2001; Wong, 1990, 1992; Xie, 1992;
Yamaguchi, 1987)。これらのモデルは，グループ差を検出するた
めに，層ごとに統計的に強力な自由度 1 の検定を使用するという

共通の特徴をもつ。ほとんどの場合, これらのモデルは連関について明示的な構造やパターンを仮定していないことが多い。しかし, 構造やパターンを仮定しないことについては, 本質的な欠陥というよりはむしろ実用・応用上の制限である（より詳細な議論については, Goodman & Hout (1998), Xie (1998), Yamaguchi (1998) を参照）。これらのモデル間の大きな違いは, 層が互いにどのように異なるのかについての特定化のみにある。

対数線形層効果モデル (log-linear layer effect model: LL_1) は, グループ差を検出するために提案された, 最初に定式化された中間的な統計モデルである (Wong, 1990; Yamaguchi, 1987)。このモデルは行変数と列変数の両方が順序特性をもつこと, あるいは統計学的にいえば, 行変数と列変数の間の連関パターンが**等方的** (isotropic) であることを仮定している[1]。このモデルは, 対数線形一様差モデル (log-linear uniform difference model) として知られ (Wong, 1994), 次のように書くことができる。

$$\log F_{ijk} = \lambda + \lambda_i^A + \lambda_j^B + \lambda_k^C + \lambda_{ik}^{AC} + \lambda_{jk}^{BC} + \lambda_{ij}^{AB} + \beta_k U_i V_j$$

(4.6)

このモデルの自由度は $(I-1)(J-1)(K-1) - (K-1) = (IJ - I - J)(K-1)$ である。式 (4.6) では, すべての β_k パラメータが一意に識別できるわけではない。通常の正規化では $\beta_1 = 0$ とされる。この正規化で β_k は, 層 k についての共通するオッズ比の集合の, 層 1（基準グループ）からのずれを表している。式 (4.3) と式 (4.6) の対数尤度検定統計量の差から, 自由度 $K-1$ のカイ 2 乗統計量が得られる。この統計的に強力な検定により, 研究者はグルー

---

[1]すべての i と j について, オッズ比が $\theta_{ij} \leq 1$ となるように行と列を順序付けることができる場合, 分布は等方的であると定義される（Yule, 1906：さらなる議論については Goodman (1981b) を参照）。

プ差の存在を確認することができる。式 (4.6) に基づけば，この対数線形層効果モデルは，条件付き局所オッズ比間に以下の関係を仮定している。

$$\log \theta_{ij(k)} = \log \theta_{ij} + \beta_k \qquad (4.7)$$

したがって，各グループのオッズ比の完全な集合は，乗法尺度因子 (multiplicative scale factor) β_k によって異なる。式 (4.7) から，層 k と層 k' とを比較すると次のことが容易に示される。

$$\log \theta_{ij(k)} - \log \theta_{ij(k')} = \beta_k - \beta_{k'} \qquad (4.8)$$

そして

$$\frac{\log \theta_{ij(k)}}{\log \theta_{ij(k')}} = \frac{\log \theta_{ij} + \beta_k}{\log \theta_{ij} + \beta_{k'}} \qquad (4.9)$$

つまり，条件付き対数オッズ比の差は，一様な差と単純化できることがわかる。一方，条件付き対数オッズ比の比は，より単純な項にすることができない。式 (4.8) は，式 (3.3) で定義された局所オッズ比の対数と等しいことに留意されたい。式 (4.8) に記述された関係から，なぜそれが対数線形一様差モデルとして知られているのかがわかるだろう。さらにこのモデルは，第2章で議論した一様連関モデルと密接に関連している。

層間の乗法尺度や対数加法的な差の代わりに，2つ目の層効果モデルは，その差が対数乗法的であると仮定しており，これは対数乗法層効果モデル (log-multiplicative layer effect model: LL_2) となる。比較社会移動研究においては UNIDIFF モデルとしても広く知られている (Erikson & Goldthorpe, 1992; Xie 1992; Xie & Pimentel, 1992)。先ほどの定式化とは異なり，行カテゴリと列カテゴリに順序の制約はなく，次のように書くことができる。

$$\log F_{ijk} = \lambda + \lambda_i^A + \lambda_j^B + \lambda_k^C + \lambda_{ik}^{AC} + \lambda_{jk}^{BC} + \phi_k \psi_{ij} \qquad (4.10)$$

ここで，ψ_{ij} は変数 A と変数 B の間の完全交互作用を表す。ψ_{ij} パラメータは $\sum_i \psi_{ij} = \sum_j \psi_{ij} = 0$ という制約によって識別され，ϕ_k パラメータは $\sum_k \phi_k^2 = 1$ という制約によって識別されることに注意してほしい。このモデルの自由度は $(I-1)(J-1)(K-1) - (K-1) = (IJ-I-J)(K-1)$ である。対数線形層効果モデルの場合と同様に，式 (4.3) と式 (4.10) の対数尤度検定統計量の差からも，グループ差を検定するための自由度 $K-1$ のカイ 2 乗統計量が得られる。構造化されていない交互作用パターンの代わりに，ψ_{ij} についての明示的な構造やパターン，例えば，位相モデルや行効果モデルといったような制約を課して，A と B の連関を表すことが可能である (Xie, 1992)。式 (4.10) のモデルの特定化では，条件付き対数オッズ比は，以下のように書くことができる。

$$\log \theta_{ij(k)} = \phi_k \log \theta_{ij} \qquad (4.11)$$

言い換えれば，各グループについてのオッズ比の完全な集合は，対数乗法尺度因子 ϕ_k によって異なる。式 (4.11) より，層 k を層 k' と比較する際の条件付き対数オッズ比の差と条件付き対数オッズ比の比は，以下の関係を有することを容易に示すことができる。

$$\log \theta_{ij(k)} - \log \theta_{ij(k')} = (\phi_k - \phi_{k'}) \log \theta_{ij} \qquad (4.12)$$

そして，

$$\frac{\log \theta_{ij(k)}}{\log \theta_{ij(k')}} = \frac{\phi_k}{\phi_{k'}} \qquad (4.13)$$

式 (4.12) と (4.13) は，条件付き対数オッズ比の差はさらに単純な項に減らすことができない一方で，層 k のあるセルの組についての条件付き対数オッズ比と他の層 k' の同じ組についての対応す

る条件付き対数オッズ比の比は一定であることを示している。これ
は層間の違いが本質的に対数加法的ではなく，対数乗法的であるこ
とを裏付けている。

　対数線形層効果モデルも対数乗法層効果モデルも満足のいく結果
を示さないのであれば，3つ目の層効果のモデルは，修正回帰型層
効果モデル (modified regression-type layer effect model: LL_3) と
して知られるさらに複雑な定式化を仮定する (Goodman & Hout,
1998, 2001)。このモデルは，項 λ_{ij}^{AB} も含んでいることを除けば，
上記の対数乗法層効果モデルと非常によく似ており，次のように書
くことができる。

$$\log F_{ijk} = \lambda + \lambda_i^A + \lambda_j^B + \lambda_k^C + \lambda_{ik}^{AC} + \lambda_{jk}^{BC} + \lambda_{ij}^{AB} + \phi_k \psi_{ij}$$

(4.14)

　このモデルの自由度は $(IJ - I - J)(K - 2)$ である。Goodman
& Hout (1998) によれば，条件付き対数オッズ比は次のように書く
ことができる。

$$\log \theta_{ij(k)} = \zeta_{ij} + \zeta'_{ij} \phi_k$$

(4.15)

ここで，

$$\zeta_{ij} = \lambda_{ij}^{AB} + \lambda_{i+1,j+1}^{AB} - \lambda_{i+1,j}^{AB} - \lambda_{i,j+1}^{AB}$$

(4.16)

そして，

$$\zeta'_{ij} = \psi_{ij} + \psi_{i+1,j+1} - \psi_{i+1,j} - \psi_{i,j+1}$$

(4.17)

　この特定化は $E(y|x) = \beta_0 + \beta_1 x$ である最小2乗法 (OLS) の特
定化と非常によく似ている。上記の定式化の下で，層 k を層 k' と
比較する場合，条件付き対数オッズ比の差は，

$$\log \theta_{ij(k)} - \log \theta_{ij(k')} = \zeta'_{ij} (\phi_k - \phi_{k'})$$

(4.18)

そして，条件付き対数オッズ比の比は以下のように書くことができる。

$$\frac{\log \theta_{ij(k)}}{\log \theta_{ij(k')}} = \frac{\zeta_{ij} + \zeta'_{ij}\phi_k}{\zeta_{ij} + \zeta'_{ij}\phi_{k'}} \tag{4.19}$$

式 (4.18) と式 (4.19) から，条件付き対数オッズ比の差および比は，異なる i, j 間で一様ではない。むしろ，対数オッズ比の層間の差の比は，すべて比例関係にあることがわかる。つまり，

$$\frac{\log \theta_{ij(k)} - \log \theta_{ij(k')}}{\log \theta_{ij(k)} - \log \theta_{ij(k^*)}} = \frac{\phi_k - \phi_{k'}}{\phi_k - \phi_{k^*}} \tag{4.20}$$

なお，$k \neq k' \neq k^*$ である[2]。回帰型アプローチの相対的な利点は，

(1) λ_{ij}^{AB} が連関の基準となるパターンを設定するのに対して，ψ_{ij} と ϕ_k が層 k について，その基準のパターンを調整すること

(2) λ_{ij}^{AB} によって設定された連関の基準となるパターンが，特定の層に適用されるか否かは，ψ_{ij} と ϕ_k のパラメータ化によって決まること

である。例えば，完全交互作用，一様連関，RC 連関，位相モデル，または類似の制約を λ_{ij}^{AB} と ψ_{ij} のいずれかまたはその両方に使用することができる（特に後者の特定化の利点については Xie (1998) と Yamaguchi (1998) によるコメントを参照）。意味のある層間の比較を行うためには，LL_3 の下で最低でも 3 つの層が必要である。

---

[2]式 (4.20) の層間差の比は，対数線形層効果モデルと対数乗法層効果モデルの両方に適用可能であることに注意されたい。例えば，LL_1 と LL_2 の層間差の比は，それぞれ $[(\beta_k - \beta_{k'})]/[(\beta_k - \beta_{k^*})]$ と $[(\phi_k - \phi_{k'})]/[(\phi_k - \phi_{k^*})]$ である。

4.5　グループ差をモデル化する連関モデル

　上記の層効果モデルは，自由度に対する適合度統計量が満足のいくものであれば，層間の差を検出するための統計的に強力な検定となる。もし適合度統計量が満足のいくものでなければ，これまでの章で紹介した連関モデル族を拡張し，グループ差についてもモデル化することが可能である。先の議論と同様に，後者は大きく 2 種類に分けることができる。それは，

(1) 連関の構造が対数線形項，対数乗法項，またはその両方（すなわちハイブリッドモデル）で表せるかどうか

(2) 連関の複雑さの程度が 1 次元または多次元で表せるかどうか

である (Becker, 1989a; Becker & Clogg, 1989; Wong, 2001)。もちろん，対数線形要素と対数乗法要素の両方をもつハイブリッド連関モデルは，構造上，少なくとも 2 次元である。

4.5.1　対数線形特定化 $(R+C) - L$ モデル

　以下の議論では，多元表への様々な対数線形的な定式化の適用について完全に解説するのではなく，代わりに対数線形行・列効果 $(R+C)$ 型の特定化に焦点を当てる。この議論は U, R, C のような他のモデルに容易に一般化できるが，紙幅に限りがあるためにそれらについては議論はしない[3]。これから説明するように，多元表への対数線形行・列効果 $(R+C)$ モデルの適用は，対数乗法行・列効果 (RC) モデルの適用とよく似ている。

　Becker (1989a) と Becker & Clogg (1989) が採用した用語に合わせて，多元表における対数線形行・列効果モデル族を $(R+C) - L$

---

[3] 多元表に対する一様連関モデルの適用については，Hout (1984) や Ishii-Kuntz (1991) を参照。

モデルと名付け，前半部分が対象となっている連関モデルのタイプに，後半部分が層変数との条件付き連関に対応する。通常，R, C, L という文字は，それぞれ行変数，列変数，層変数を表す。このような特定化での最も単純なケースは，等質対数線形行・列効果モデル（等質 $(R + C) - L$ モデルあるいは単純に等質 $R + C$ モデル）である。**等質** (homogenous) という用語は，層変数 L のすべての水準間で行効果と列効果が等しいことを意味することに注意されたい[4]。同様に，**異質** (heterogeneous) という用語は，層固有の行効果と列効果があることを指すことに注意されたい。形式的には，等質モデルは次のように表すことができる。

$$\log F_{ijk} = \lambda + \lambda_i^A + \lambda_j^B + \lambda_k^C + \lambda_{ik}^{AC} + \lambda_{jk}^{BC} + \phi U_i V_j$$
$$+ \tau_i^A V_j + \tau_j^B U_i \tag{4.21}$$

ここで，U_i と V_j はそれぞれ固定された整数の行スコアと列スコアである。τ_i^A と τ_j^B の両方のパラメータを識別するには，$\tau_1^A = \tau_I^A = \tau_1^B = \tau_J^B = 0$ という正規化が必要である。したがって，モデルの自由度は $(I - 1)(J - 1)K - (I - 2) - (J - 2) - 1 = IJK - (K + 1)(I + J - 1) + 2$ である。これは先に述べた均一連関モデル（式 (4.3)）の特殊なケースである。なぜなら，均一連関モデルでは，3 元交互作用も層による連関の違いもないと仮定しているからである。部分オッズ比あるいは条件付きオッズ比 $\theta_{ij(k)}$ は，

$$\log \theta_{ij(k)} = \phi + \left(\tau_{i+1}^A - \tau_i^A\right) + \left(\tau_{j+1}^B - \tau_j^B\right) \tag{4.22}$$

そして，局所オッズ比 θ_{ijk} は以下のように書くことができる。

---

[4] これは，$\mu_3 = \mu_4$ と $\nu_2 = \nu_5$ のような同じパラメータのセット内の等値制約と混同してはならない。後者の制約は，**等質** (homogenous) ではなく**等値** (equal) という用語を使用している。

$$\log \theta_{ijk} = \log \theta_{ij(k+1)} - \log \theta_{ij(k)} = 0 \qquad (4.23)$$

　上記の条件付きオッズ比には $\log \theta_{i(j)k}$ や $\log \theta_{(i)jk}$ が含まれていないことに注意されたい。なぜなら，これらのオッズ比はこれ以上単純化することはできず，追加で A と C および B と C の交互作用のための部分 λ パラメータを含むためである。

　もし，連関 (ϕ) と行と列のパラメータ（τ_i と τ_j）の両方が，異なる水準の k で変化することを可能にすると，式 (4.21) は（3 元交互作用のある）異質モデルになる。異質 $(R+C)-L$ または異質 $R+C$ モデルは，次のように表すことができる。

$$\log F_{ijk} = \lambda + \lambda_i^A + \lambda_j^B + \lambda_k^C + \lambda_{ik}^{AC} + \lambda_{jk}^{BC} + \phi_k U_i V_j$$
$$+ \tau_{ik}^{AC} V_j + \tau_{jk}^{BC} U_i \qquad (4.24)$$

　ここで，正規化 $\tau_{11}^{AC} = \cdots = \tau_{1K}^{AC} = \tau_{I1}^{AC} = \cdots = \tau_{IK}^{AC} = \tau_{11}^{BC} = \cdots = \tau_{1K}^{BC} = \tau_{J1}^{BC} = \cdots = \tau_{JK}^{BC} = 0$ を採用することができる。自由度は $(I-1)(J-1)K - (I-2)K - (J-2)K - K = (I-2)(J-2)K$ である。この定式化の下で，部分または条件付きオッズ比 $\theta_{ij(k)}$ は，

$$\log \theta_{ij(k)} = \phi_k + \left(\tau_{i+1,k}^{AC} - \tau_{ik}^{AC} \right) + \left(\tau_{j+1,k}^{BC} - \tau_{jk}^{BC} \right) \qquad (4.25)$$

そして，局所オッズ比 θ_{ijk} は，以下のように書くことができる。

$$\log \theta_{ijk} = (\phi_{k+1} - \phi_k) + \left(\tau_{i+1,k+1}^{AC} + \tau_{ik}^{AC} - \tau_{i+1,k}^{AC} - \tau_{i,k+1}^{AC} \right)$$
$$+ \left(\tau_{j+1,k+1}^{BC} + \tau_{jk}^{BC} - \tau_{j+1,k}^{BC} - \tau_{j,k+1}^{BC} \right) \qquad (4.26)$$

　ここでも，$\log \theta_{i(j)k}$ と $\log \theta_{(i)jk}$ についてはともに A と C および B と C の交互作用のための部分 λ パラメータならびに対数線形行・列効果要素を含んでおり，これ以上単純化することはできない。

　上記のモデルのいずれかが満足のいく結果を示す場合，それらの間の適合度統計量の比較は，行・列効果の全体の変動に関する貴重な情報を提供してくれる。先に示した層効果モデルのロジックにしたがって，自由度1の検定で層の差を捉える中間的なモデルを定式化することが可能である。Becker (1989a) と Becker & Clogg (1989) が採用した用語に合わせ，これらのモデルを**部分異質**または**部分等質** $(R + C) - L$ モデルと呼ぶ。特に，式 (4.24) の最後の2つの項によって，層間で等質な行・列効果パラメータを仮定するが，ϕ_k に層特有の効果を仮定したモデルは特に興味深いものであり，次のように特定化することができる。

$$\log F_{ijk} = \lambda + \lambda_i^A + \lambda_j^B + \lambda_k^C + \lambda_{ik}^{AC} + \lambda_{jk}^{BC} + \phi_k U_i V_j$$
$$+ \tau_i^A V_j + \tau_j^B U_i \tag{4.27}$$

そして，自由度は $IJK - (I + J)(K + 1) + 4$ である。この定式化の下で，条件付きオッズ比は，

$$\log \theta_{ij(k)} = \phi_k + \left(\tau_{i+1}^A - \tau_i^A\right) + \left(\tau_{j+1}^B - \tau_j^B\right) \tag{4.28}$$

そして，局所オッズ比は以下のように書くことができる。

$$\log \theta_{ijk} = \log \theta_{ij(k+1)} - \log \theta_{ij(k)} = \phi_{k+1} - \phi_k \tag{4.29}$$

　言い換えれば，上記モデルは，すべての層の差を単一の ϕ_k パラメータに変換し，行・列効果パラメータは一定に維持している。このように構築すると，上記のモデルは，前に述べた対数線形層効果モデルの特殊なケースであることが明らかになる。式 (4.28) の最後の2つの項，すなわち対数線形行効果と列効果の差は，連関の共通したパターンあるいは構造を表すが，ϕ_k 項は，連関の異なる水準を表す。別の部分等質モデルも同様に実行可能である。例えば，列効果のみがグループ化変数間で一定であると仮定するモデル

は，次の形式になる。

$$\log F_{ijk} = \lambda + \lambda_i^A + \lambda_j^B + \lambda_k^C + \lambda_{ik}^{AC} + \lambda_{jk}^{BC} + \phi_k U_i V_j$$
$$+ \tau_{ik}^{AC} V_j + \tau_j^B U_i \tag{4.30}$$

一方，行効果のみがグループ化変数間で一定であると仮定するモデルは同様の定式化となる。

$$\log F_{ijk} = \lambda + \lambda_i^A + \lambda_j^B + \lambda_k^C + \lambda_{ik}^{AC} + \lambda_{jk}^{BC} + \phi_k U_i V_j$$
$$+ \tau_i^A V_j + \tau_{jk}^{BC} U_i \tag{4.31}$$

どちらの場合も，連関の水準 (ϕ_k) が同様に変化することを認めず，行効果や列効果パラメータのみ変化を認めることは論理的でないため，ϕ_k もまた共に変化することに注意されたい。式 (4.27) に対して，式 (4.30) はさらに $(I-2)(K-1)$ の自由度を使用し，式 (4.31) はさらに $(J-2)(K-1)$ の自由度を使用する。その結果，式 (4.30) で特定化されたモデルは自由度が $(J-2)(IK-K-1)$ であり，式 (4.31) で特定化されたモデルは自由度が $(I-2)(JK-K-1)$ である。

式 (4.27) のモデルがデータによく適合し，グループ化変数が調査年や出生コーホートといった時間的順序を示す場合，内的連関パラメータ (ϕ_k) に対しても，減少，増加，または非線形のトレンドを示すと仮定することができる (Wong, 1995; Wong & Hauser, 1992)。例えば，ϕ_k に線形制約のあるモデルは次の形式

$$\phi_k = \phi(1 + at) \tag{4.32}$$

をとり，2 次のトレンド制約があるモデルは次の形式をとる。

$$\phi_k = \phi\left(1 + at + bt^2\right) \tag{4.33}$$

上記の 2 つの特定化を等質および異質モデルの特定化と比較す

ることにより，カイ2乗統計量の差を用いて，ϕ_k パラメータが実際に時間の経過とともにあるいは出生コーホート間で変化したのかどうかを判断することができる。もちろん，層変数に十分な数のカテゴリがあれば，スプラインのような回帰関数など，他のパラメトリックな特定化を含めることも可能である。

層変数がジェンダーとエスニシティのような2つ以上の変数を含む場合，ϕ_k パラメータを ANOVA のように各要素に分解することが可能である (Raymo & Xie, 2000; Wong, 1995)。便宜上，それぞれ M 個と N 個のカテゴリを有する2つの層変数 L_1 と L_2 のみがあると仮定する。式 (4.27) の下で，ϕ_k の完全交互作用モデルは，次式と等しい。

$$\phi_k = \phi_{mn} \tag{4.34}$$

一方で等質 $(R+C)-L$ モデルは次を仮定する。

$$\phi_k = \phi \tag{4.35}$$

いくつかの中間的な定式化は特に興味深い。

$$\phi_k = \phi_m + \phi_n, \tag{4.36}$$

$$\phi_k = \phi_m, \tag{4.37}$$

$$\phi_k = \phi_n \tag{4.38}$$

式 (4.34) での ϕ_k の完全交互作用のような表現の代わりに，式 (4.36) から (4.38) までの特定化は付加的な制約を示している。それらの（複数の）付加的要素の数は互いに異なる。適合度統計量を比較することで，内的連関パラメータがより簡単な項で表現できるかどうかの可能性を知ることができる。もちろん，層変数が時間的順序と複数のグループ（例えばジェンダー別のエスニシティやジェンダー別の国）の両方を示す場合は，クロス表間の変動の原因を突き止めるために，両タイプの制約を同時に課すことが可能である。

これまでに紹介したすべての層効果モデルや，これから議論する1次元や多次元 RC 連関モデルの ϕ_k や ϕ_{mk} についての自由度1の検定に対して，これらの制約が適用できることに留意されたい。

4.5.2　対数乗法特定化 $RC(M) - L$ モデル

同様に，上記の方法を拡張して，対数乗法行・列要素を条件付き連関モデルとして組み込むことができる。説明のため，以下の議論は，最も一般的なケースである多次元 RC 条件付き連関 $RC(M) - L$ モデルから始める。先に採用された同じ命名法を使用して，前半部分の $RC(M)$ は，多次元 RC 要素に対応し，後半部分はモデルが層変数 L を条件としていることを示す。適切なモデリング戦略は，まず条件付き独立性からの逸脱を理解するために必要な次元数を決定し，次元数が決まったら，様々な対数乗法要素間の変動の正確な原因を突き止めることである。

2つの極端なモデルつまり等質 $RC(M) - L$ モデルと異質 $RC(M) - L$ モデルから始める。M の値は 0 から $\min(I-1, J-1)$ の範囲をとる，つまり $0 \le M \le \min(I-1, J-1)$ であることに注意されたい。$M = 0$ の場合，モデルは条件付き独立モデルと等しくなり，等質という定式化の下で M が最大になると，完全2元または均一連関モデルと等しくなる。等質 $RC(M) - L$ モデルあるいは単純な等質 $RC(M)$ モデルは次のように表すことができる。

$$\log F_{ijk} = \lambda + \lambda_i^A + \lambda_j^B + \lambda_k^C + \lambda_{ik}^{AC} + \lambda_{jk}^{BC} + \sum_{m=1}^{M} \phi_m \mu_{im} \nu_{jm}$$

(4.39)

モデルの自由度は $(I-1)(J-1)K - M(I+J-M-2)$ である。すべての μ_{im} および ν_{jm} パラメータを一意に識別するためには，中心化，尺度化，次元間制約，つまり，$\sum_{i=1}^{I} \mu_{im} = \sum_{j=1}^{J} \nu_{jm} = 0$

と $\sum_{i=1}^{I} \mu_{im}\mu_{im'} = \sum_{j=1}^{J} \nu_{jm}\nu_{jm'} = \delta_{mm'}$ が必要である。ここで $\delta_{mm'}$ はクロネッカーのデルタ（すなわち $m = m'$ のとき $\delta_{mm'}$ は 1，それ以外の場合は 0）である。

式 (4.39) の下で，等質 $RC(M) - L$ モデルの条件付き対数オッズ比は，

$$\log \theta_{ij(k)} = \sum_{m=1}^{M} \phi_m \left(\mu_{i+1,m} - \mu_{im}\right)\left(\nu_{j+1,m} - \nu_{jm}\right) \qquad (4.40)$$

そして，条件付き対数オッズ比の比は，以下のように書くことができる。

$$\log \theta_{ijk} = 0 \qquad (4.41)$$

他方，すべての ϕ_m，μ_{im}，ν_{jm} パラメータが層変数 (L) と共変するように，異質 $RC(M) - L$ モデルを定式化できる。モデルは次のように書くことができる。

$$\log F_{ijk} = \lambda + \lambda_i^A + \lambda_j^B + \lambda_k^C + \lambda_{ik}^{AC} + \lambda_{jk}^{BC} + \sum_{m=1}^{M} \phi_{mk}\mu_{imk}\nu_{jmk}$$
$$(4.42)$$

モデルの自由度は $(I - M - 1)(J - M - 1)K$ である。前のケースと同様に，一意に識別するためには，行スコアと列スコアのパラメータに対する中心化，尺度化，そして次元間制約が必要である。

式 (4.42) の下で，異質 $RC(M) - L$ モデルの条件付き対数オッズ比は，

$$\log \theta_{ij(k)} = \sum_{m=1}^{M} \phi_{mk} \left(\mu_{i+1,mk} - \mu_{imk}\right)\left(\nu_{j+1,mk} - \nu_{jmk}\right) \quad (4.43)$$

そして，条件付き対数オッズ比の比は以下のように書くことができる。

$\log \theta_{ijk}$

$$= \sum_{m=1}^{M} \phi_{m,k+1} \left(\mu_{i+1,m,k+1} - \mu_{im,k+1}\right) \left(\nu_{j+1,m,k+1} - \nu_{jm,k+1}\right)$$

$$- \sum_{m=1}^{M} \phi_{mk} \left(\mu_{i+1,mk} - \mu_{imk}\right) \left(\nu_{j+1,mk} - \nu_{jmk}\right) \qquad (4.44)$$

　表4.1に，様々なタイプの条件付き $RC(M) - L$ 連関モデルの概要を示す。表には3つの列があり，モデルの特定化，次元間制約の種類，それと関連した自由度が記載されている。一般的に，さらにより高次の複雑な交互作用パターンを検討する必要はほとんどないため，数値的な説明は3次元までのモデルである $RC(3) - L$ までしかないことに注意されたい。実際，ほとんどの実証データは，2次元 RC 条件付き連関モデルで適切に分析することができる。このような特定化では満足のいく結果が得られない場合には，単純だが実質的に解釈可能なパラメータ（例えば，社会移動研究では非移動の傾向[a]）を追加することで，満足のいく結果を得ることが可能である。$RC(1)$ モデルを除き，すべて制約のない条件付き $RC(M) - L$ 連関モデルには，次元間制約が必要である。

　一連の条件付き $RC(M)$ 連関モデルを推定することで，それらの適合度統計量を用い，層による連関の差を理解するのに必要な次元数を解読することが可能である (Becker & Clogg, 1989)。このカイ2乗分解アプローチは，この後2つの例で説明する。必要な RC の次元数が決定された後，次のステップは，どの要素 (ϕ_{mk}, μ_{imk}, ν_{jmk}) が層間で変化し，どの要素が変化しないかを体系的に探索するために，部分的に等質な制約や部分的に異質な制約を定式化することである。

---

[a]訳注：例えば対角セルの効果について，1つあるいは複数のパラメータを設定する。

表 4.1 $I \times J \times K$ クロス分類表に対する $RC(M) - L$ モデルの次元間制約と自由度

モデル	次元間制約	自由度
1. 等質 $RC(0)$	該当しない	$(I-1)(J-1)K$
2. 異質 $RC(1)$	該当しない	$(I-2)(J-2)K$
3. 等質 $RC(1)$	該当しない	$(I-1)(J-1)K$ $-(I+J-3)$
4. 異質 $RC(2)$	$\sum \mu_{i1k}\mu_{i2k} = \sum \nu_{j1k}\nu_{j2k} = 0$ $k = 1, 2, \ldots, K$	$(I-3)(J-3)K$
5. 等質 $RC(2)$	$\sum \mu_{i1}\mu_{i2} = \sum \nu_{j1}\nu_{j2} = 0$	$(I-1)(J-1)K$ $-2(I+J-4)$
6. 異質 $RC(3)$	$\sum \mu_{i1k}\mu_{i2k} = \sum \nu_{j1k}\nu_{j2k} =$ $\sum \mu_{i1k}\mu_{i3k} = \sum \nu_{j1k}\nu_{j3k} =$ $\sum \mu_{i2k}\mu_{i3k} = \sum \nu_{j2k}\nu_{j3k} = 0$	$(I-4)(J-4)K$
7. 等質 $RC(3)$	$\sum \mu_{i1}\mu_{i2} = \sum \nu_{j1}\nu_{j2} =$ $\sum \mu_{i1}\mu_{i3} = \sum \nu_{j1}\nu_{j3} =$ $\sum \mu_{i2}\mu_{i3} = \sum \nu_{j2}\nu_{j3} = 0$	$(I-1)(J-1)K$ $-3(I+J-5)$
8. 異質 $RC(M)$	$\sum \mu_{imk}\mu_{im'k} = \sum \nu_{jmk}\nu_{jm'k}$ $= 0$ ここで $m \neq m'$	$(I-M-1)$ $\times (J-M-1)K$
9. 等質 $RC(M)$	$\sum \mu_{im}\mu_{im'} = \sum \nu_{jm}\nu_{jm'} = 0$ ここで $m \neq m'$	$(I-1)(J-1)K$ $-M(I+J-M-2)$

ほとんどの実証分析では，対数乗法的要素に 2 次元しかないので，このような場合について議論を集中させるほうがより有益であろう。$M = 1$ の場合，以下の部分等質または部分異質 $RC(1) - L$ モデルに関心がある。

(a) 等質な μ_i，異質な ϕ と ν_j

$$\log F_{ijk} = \lambda + \lambda_i^A + \lambda_j^B + \lambda_k^C + \lambda_{ik}^{AC} + \lambda_{jk}^{BC} + \phi_k \mu_i \nu_{jk} \quad (4.45)$$

モデルの自由度は $K(I-2)(J-2) + (K-1)(I-2) = (I-$

2)$(JK - K - 1)$ である。ν_j が層間で変化する一方で，ϕ が不変であることは，あまり実質的な意味をもたないことに再度注意されたい。条件付き対数オッズ比は，

$$\log \theta_{ij(k)} = \phi_k \left(\mu_{i+1} - \mu_i\right) \left(\nu_{j+1,k} - \nu_{jk}\right) \tag{4.46}$$

そして，局所対数オッズ比は次の通りである。

$$\log \theta_{ijk} = [\phi_{k+1} \left(\nu_{j+1,k+1} - \nu_{j,k+1}\right) \\ - \phi_k \left(\nu_{j+1,k} - \nu_{jk}\right)] \left(\mu_{i+1} - \mu_i\right) \tag{4.47}$$

(b) 等質な ν_j，異質な ϕ と μ_i

$$\log F_{ijk} = \lambda + \lambda_i^A + \lambda_j^B + \lambda_k^C + \lambda_{ik}^{AC} + \lambda_{jk}^{BC} + \phi_k \mu_{ik} \nu_j \tag{4.48}$$

モデルの自由度は $K(I - 2)(J - 2) + (K - 1)(J - 2) = (J - 2)(IK - K - 1)$ であり，条件付きあるいは部分対数オッズ比は，

$$\log \theta_{ij(k)} = \phi_k \left(\mu_{i+1,k} - \mu_{ik}\right) \left(\nu_{j+1} - \nu_j\right) \tag{4.49}$$

そして，局所対数オッズ比は次のようになる。

$$\log \theta_{ijk} = [\phi_{k+1} \left(\mu_{i+1,k+1} - \mu_{i,k+1}\right) \\ - \phi_k \left(\mu_{i+1,k} - \mu_{ik}\right)] \left(\nu_{j+1} - \nu_j\right) \tag{4.50}$$

(c) 等質な μ_i と ν_j，異質な ϕ

$$\log F_{ijk} = \lambda + \lambda_i^A + \lambda_j^B + \lambda_k^C + \lambda_{ik}^{AC} + \lambda_{jk}^{BC} + \phi_k \mu_i \nu_j \tag{4.51}$$

モデルの自由度は $(I - 1)(J - 1)K - K - (I - 2) - (J - 2) = IJK - (I + J)(K + 1) + 4$ であり，条件付き対数オッズ比は，

$$\log \theta_{ij(k)} = \phi_k \left(\mu_{i+1} - \mu_i\right) \left(\nu_{j+1} - \nu_j\right) \tag{4.52}$$

そして，局所対数オッズ比は次のようになる。

$$\log \theta_{ijk} = (\phi_{k+1} - \phi_k)(\mu_{i+1} - \mu_i)(\nu_{j+1} - \nu_j) \qquad (4.53)$$

これは単純な異質 $RC(1)$ モデルであり，ψ_{ij} の項が μ_i および ν_j で置き換えられることを除いて，式 (4.10) の対数乗法層効果モデル (LL_2) の特別な場合として扱うことができる。式 (4.51) の下で，次の関係を容易に確認できる。

$$\log \theta_{ij(k)} - \log \theta_{ij(k')} = (\phi_k - \phi_{k'})(\mu_{i+1} - \mu_i)(\nu_{j+1} - \nu_j),$$
$$(4.54)$$

$$\frac{\log \theta_{ij(k)}}{\log \theta_{ij(k')}} = \frac{\phi_k}{\phi_{k'}}, \qquad (4.55)$$

$$\frac{\log \theta_{ij(k)} - \log \theta_{ij(k')}}{\log \theta_{ij(k)} - \log \theta_{ij(k^*)}} = \frac{\phi_k - \phi_{k'}}{\phi_k - \phi_{k^*}} \qquad (4.56)$$

式 (4.55) は対数乗法層効果モデル下での式 (4.13) と同じであり，式 (4.56) は回帰型層効果モデル下での式 (4.20) と同じである。言い換えると，単純な異質 $RC(1)$ の定式化では，条件付き対数オッズ比の比と対数オッズ比の層間差の比は，両方とも比例関係にある。

(d) 特別なケース

シナリオ (c) のモデルがデータに比較的よく適合し，そして層変数が時間的順序を示す場合，式 (4.32) と (4.33) に記載された線形または2次の制約のあるモデルを使用することができる。同様に，層変数が複数のグループ化から成る場合（例えばジェンダー別のエスニシティ），式 (4.36) から (4.38) に記載されている ANOVA のような制約を適用することもできる。

しかし，2次元条件付き $RC(2) - L$ 連関モデルへの部分等質または部分異質制約の導入は，他の研究で長期にわたって議論され

表 4.2　部分等質または部分異質制約のある $RC(2) - L$ モデルの次元間制約と自由度

モデル	次元間制約	自由度
1. $\begin{bmatrix} 0 & 0 & 1 \\ 0 & 0 & 1 \end{bmatrix}$	$\sum \mu_{i11}\mu_{i21} =$ $\sum \nu_{j1}\nu_{j2} = 0$ か $\sum \mu_{i1K}\mu_{i2K} =$ $\sum \nu_{j1}\nu_{j2} = 0$	$(I-1)(J-1)K$ $-2(IK + J - K - 3)$
2. $\begin{bmatrix} 0 & 1 & 0 \\ 0 & 1 & 0 \end{bmatrix}$	$\sum \mu_{i1}\mu_{i2} =$ $\sum \nu_{j11}\nu_{j21} = 0$ か $\sum \mu_{i1}\mu_{i2} =$ $\sum \nu_{j1K}\nu_{j2K} = 0$	$(I-1)(J-1)K$ $-2(I + JK - K - 3)$
3. $\begin{bmatrix} 0 & 0 & 0 \\ 0 & 1 & 1 \end{bmatrix}$	なし	$(I-1)(J-1)K$ $-(I+J)(K+1) - 2(K+2)$
4. $\begin{bmatrix} 0 & 1 & 1 \\ 0 & 0 & 0 \end{bmatrix}$	なし	$(I-1)(J-1)K$ $-(I+J)(K+1) - 2(K+2)$
5. $\begin{bmatrix} 0 & 0 & 0 \\ 1 & 1 & 1 \end{bmatrix}$	なし	$(I-1)(J-1)K$ $-(K+1)(I+J-3)$
6. $\begin{bmatrix} 1 & 1 & 1 \\ 0 & 0 & 0 \end{bmatrix}$	なし	$(I-1)(J-1)K$ $-(K+1)(I+J-3)$

注：0 はグループ間の等値制約がないことを意味し，1 はグループ間で等値制約があることを意味する．詳細は本文を参照．

ているにもかかわらず，問題となる可能性がある (Becker, 1989ab; Becker & Clogg, 1989)。第 1 に，Wong (2001) は，これまで議論された部分等質モデルのいくつかは，それらが次元間制約を必要としないか，また予想されるよりも少ない制約を必要とするか，のいずれかであるため，誤った自由度が報告されていると主張した[5]。第 2 に，これまでに発表された事例は，2 つのグループに基づいて

（表 4.2 続き）

モデル		次元間制約	自由度
7.	$\begin{bmatrix} 0 & 0 & 1 \\ 0 & 1 & 1 \end{bmatrix}$	$\sum \nu_{j1}\nu_{j2} = 0$ か $\sum \mu_{i11}\mu_{i2} = 0$	$(I-1)(J-1)K$ $-(I+IK+2J-7)$
8.	$\begin{bmatrix} 0 & 1 & 0 \\ 0 & 1 & 1 \end{bmatrix}$	$\sum \mu_{i1}\mu_{i2} = 0$ か $\sum \nu_{j11}\nu_{j2} = 0$	$(I-1)(J-1)K$ $-(2I+J+JK-7)$
9.	$\begin{bmatrix} 0 & 1 & 0 \\ 1 & 1 & 1 \end{bmatrix}$	$\sum \mu_{i1}\mu_{i2} = 0$	$(I-1)(J-1)K$ $-(2I+J+JK-K-6)$
10.	$\begin{bmatrix} 0 & 0 & 1 \\ 1 & 1 & 1 \end{bmatrix}$	$\sum \nu_{j1}\nu_{j2} = 0$	$(I-1)(J-1)K$ $-(I+IK+2J-K-6)$
11.	$\begin{bmatrix} 0 & 1 & 1 \\ 0 & 1 & 1 \end{bmatrix}$	なし	$(I-1)(J-1)K$ $-2(I+J+K-4)$
12.	$\begin{bmatrix} 0 & 1 & 1 \\ 1 & 1 & 1 \end{bmatrix}$	なし	$(I-1)(J-1)K$ $-(2I+2J+K-7)$
13.	$\begin{bmatrix} 1 & 1 & 1 \\ 0 & 1 & 1 \end{bmatrix}$	なし	$(I-1)(J-1)K$ $-(2I+2J+K-7)$

いる。ほとんどの社会科学における応用研究は自然と複数のグループの比較を行うので，K が 2 より大きいときにこれまでの計算が一般化できるかどうかは不明である。まもなくわかるように，そのうちの一部は，K 個ではなく 1 つだけの次元間制約を必要とする。この 2 つの問題について，表 4.2 にまとめている。

これまでの表と同様の形式にしたがって，表 4.2 はいくつかの部分等質または部分異質 $RC(2) - L$ モデルを要約している。モデルの自由度を適切に計算するには，2.7 節ですでに説明したルール

---

5) 私的なコミュニケーションを通じて，Jeroen Vermunt 氏から，この種のモデルの次元間制約の潜在的な落とし穴とその解決法についての有益な洞察が得られたことに感謝する。

に正確にしたがう必要がある。連続性と一貫性を最大限に維持するために，1 列目に表示されるモデルは，Becker & Clogg (1989) と同じ命名法にしたがっており，行要素の数は次元を表し（つまり $RC(2)$ モデルなので 2 つの行がある），列要素の数は関心のあるパラメータの数を表す（3 つの列はそれぞれ ϕ, μ_i, ν_j）。最後に，すべての要素は 0 か 1 の値をとることができ，0 は層間で等質な等値制約がないことを意味し，1 はそのような制約があることを意味する。

表 4.2 のモデル 1 は，内的連関パラメータと行スコアパラメータ（すなわち ϕ_{mk} と μ_{imk}）に等値制約を課さないが，両次元の列スコアパラメータ（ν_{jm}）に等値制約を課す。クロス分類表に K 個の層があっても，このモデルには $K+1$ 個ではなく 2 つだけの次元間制約が必要であることは予想外かもしれない。より具体的には，$\sum_{i=1}^{I} \mu_{i11}\mu_{i21} = \sum_{j=1}^{J} \nu_{j1}\nu_{j2} = 0$ か $\sum_{i=1}^{I} \mu_{i1K}\mu_{i2K} = \sum_{j=1}^{J} \nu_{j1}\nu_{j2} = 0$ か，または任意の層の行スコアに対する次元間制約と列スコアに対するもうひとつの次元間制約のいずれかを課すことができる。不要な制約を加えてしまうと，異なる検定統計量が得られ，制約のないモデルよりも一般的に適合度の悪いモデルとなることに注意されたい。結果として，モデルの自由度は $(I-1)(J-1)K - 2(IK + J - K - 3)$ となる。同様に，等値制約が両次元の行スコアパラメータに適用され，他の 2 つのパラメータには適用されない場合，$K+1$ 個ではなく 2 つだけの次元間制約が必要である。このモデル 2 の自由度は $(I-1)(J-1)K - 2(I + JK - K - 3)$ である。

表 4.2 のモデル 3 から 6 は，いくつかの部分等質または部分異質条件付き $RC(2) - L$ 連関モデルがもつ，もうひとつの興味深い特性を示す。モデル 3 の特定化は，第 2 次元の行スコアと列スコアのパラメータ（μ_{i2}, ν_{j2}）にのみ等値制約を課し，残りのパラメー

タ (ϕ_{1k}, ϕ_{2k}, μ_{i1k}, ν_{j1k}) には追加の制約は課さない。予想に反して、次元間制約は必要なく、すべてのパラメータは回転に対して一意 (rotationally unique) である。実際には、反復サイクルにおいて次元間制約を課さない機能をもつ l_{EM} や他の統計ソフトウェアで、複数のランダムな初期値を使用することにより、この主張を容易に検証することができる。次元間制約を必要としないモデルについて、収束した最尤推定値と適合度統計量はすべて同一のはずである（詳細は 3.6 節を参照）。同様に、等質な等値制約が第 1 次元の行スコアと列スコア (μ_{i1}, ν_{j1}) に適用され、残りのパラメータ (ϕ_{1k}, ϕ_{2k}, μ_{i2k}, ν_{j2k}) にはさらなる制約がないモデル 4 に対しても、同じルールが適用される。モデル 5 と 6 は、等値制約をそれぞれの内的連関パラメータにまで広げた場合、すなわち、それぞれ ϕ_1, μ_{i1}, ν_{j1} あるいは ϕ_2, μ_{i2}, ν_{j2} の場合、次元間制約は必要ないことをさらに示している。

一方、モデル 7 から 10 は 1 つの次元間制約だけを必要とする。これらはすべて以下の共通の特徴をもつ。等質な等値制約は、両次元の行または列のスコアパラメータのいずれかに課され、次に、両方ではなく一方の次元の残りの行または列のスコアパラメータに課される。次元間制約は、両次元に等質な等値制約が課されている行または列のスコアに対して課される。例えば、モデル 7 またはモデル 10 では、$\sum_{j=1}^{J} \nu_{j1}\nu_{j2} = 0$ のみが必要である。モデル 8 とモデル 9 の場合は、代わりに $\sum_{i=1}^{I} \mu_{i1}\mu_{i2} = 0$ のみが必要である。それらの適切な自由度は 3 列目に示されている。

モデル 11 は Wong (2001) によって広く議論されており、非常に興味深いモデルである。このモデルは社会科学における研究で幅広く応用されているため、より詳細な議論が必要である。これは単純な異質 $RC(M)$ モデルであり、すべての次元の行スコアと列スコアのパラメータ (μ_{im}, ν_{jm}) に等質性を仮定するが、内的連関パラ

メータ (ϕ_{mk}) には異質性を仮定する。$M = 2$ の場合，モデルは形式的には次のように書くことができる。

$$\log F_{ijk} = \lambda + \lambda_i^A + \lambda_j^B + \lambda_k^C + \lambda_{ik}^{AC} + \lambda_{jk}^{BC}$$
$$+ \phi_{1k}\mu_{i1}\nu_{j1} + \phi_{2k}\mu_{i2}\nu_{j2} \qquad (4.57)$$

このモデルの自由度は $(I-1)(J-1)K - 2(I+J+K-4)$ である。Wong (2001) によれば，このモデルは次のように再パラメータ化できる。

$$\log F_{ijk} = \lambda + \lambda_i^A + \lambda_j^B + \lambda_k^C + \lambda_{ik}^{AC} + \lambda_{jk}^{BC}$$
$$+ \phi_1\mu_{i1}\nu_{j1}\eta_{k1} + \phi_2\mu_{i2}\nu_{j2}\eta_{k2} \qquad (4.58)$$

ここで $\sum_{k=1}^{K} \eta_{k1}^2 = \sum_{k=1}^{K} \eta_{k2}^2 = 1$ である。このような形式で書かれたモデルは，計量心理学の文献でよく使用されている CP (canonical / parallel factor) 分解を使用した対数 3 重線形関数 (log-trilinear function) と高い類似性をもつ。通常，CP 分解から得られる解は一意であり，回転制約を必要としないことがよく知られている (Carroll & Chang, 1970; Harshman, 1970; Kruskal, 1977)[6]。条件付き対数オッズ比は，

---

[6] CP 分解の実用化は，いわゆる CP 解の縮退系列 (degenerate sequence) の発生により，複雑になることがある。それらが発生すると，CP アルゴリズムの収束は非常に遅くなり（例えば，l_{EM} で 20 万回以上の反復が行われる），CP アルゴリズムが実行されるにつれて，CP 解のいくつかの要素がますます高い相関をもつようになる (Stegeman, 2007)。CP 解の縮退系列の発生は，CP 目的関数は最小値ではなく下限 (infimum) をもつため，CP 解の系列が収束できず，縮退のパターンを示さないという事実に起因する (Kruskal et al., 1989)。CP 解の縮退系列は，成分行列に直交化制約を課すことにより回避できる (Harshman & Lundy, 1984)。これは，当然のことながら適度の損失につながり，モデルの自由度をそれに応じて調整する必要がある (Stegeman, 2007, p.603)。

$$\log \theta_{ij(k)} = \sum_{m=1}^{2} \phi_{mk} \left(\mu_{i+1,m} - \mu_{im} \right) \left(\nu_{j+1,m} - \nu_{jm} \right) \qquad (4.59)$$

そして，局所対数オッズ比は次の通りである。

$$\log \theta_{ijk} = \sum_{m=1}^{2} \left(\phi_{m,k+1} - \phi_{mk} \right) \left(\mu_{i+1,m} - \mu_{im} \right) \left(\nu_{j+1,m} - \nu_{jm} \right) \qquad (4.60)$$

上記のモデルは，前節で議論した対数乗法層効果モデル (LL_2) と回帰型層効果モデル (LL_3) の特別な場合として扱うことができる。LL_2 の特殊な場合として扱われるときは，仮定された効果はより複雑であるが，層による違いは対数乗法的である（ϕ_{1k} と ϕ_{2k}）。一方，LL_3 の特殊な場合として扱われるときは，式 (4.16) と式 (4.17) の λ_{ij}^{AB} と ψ_{ij} がそれぞれ ($\phi_{1k}, \mu_{i1}, \nu_{j1}$) と ($\mu_{i2}, \nu_{j2}$) に置き換わっている。残念ながら，現在の定式化では，条件付き対数オッズ比の比も，対数オッズ比の層間差の比も比例関係になく，次のような複雑な形でしか表現できない。

$$\frac{\log \theta_{ij(k)}}{\log \theta_{ij(k')}} = \frac{\sum_{m=1}^{2} \phi_{mk} \left(\mu_{i+1,m} - \mu_{im} \right) \left(\nu_{j+1,m} - \nu_{jm} \right)}{\sum_{m=1}^{2} \phi_{mk'} \left(\mu_{i+1,m} - \mu_{im} \right) \left(\nu_{j+1,m} - \nu_{jm} \right)} \qquad (4.61)$$

$$\frac{\log \theta_{ij(k)} - \log \theta_{ij(k')}}{\log \theta_{ij(k)} - \log \theta_{ij(k^*)}}$$
$$= \frac{\sum_{m=1}^{2} \left(\phi_{mk} - \phi_{mk'} \right) \left(\mu_{i+1,m} - \mu_{im} \right) \left(\nu_{j+1,m} - \nu_{jm} \right)}{\sum_{m=1}^{2} \left(\phi_{mk} - \phi_{mk^*} \right) \left(\mu_{i+1,m} - \mu_{im} \right) \left(\nu_{j+1,m} - \nu_{jm} \right)} \qquad (4.62)$$

なお，式 (4.57) において $\phi_{1k} = \phi_1$ という等質な制約が課されている場合，CP 分解のある上記の $RC(2) - L$ モデルは，Goodman と Hout の回帰型層効果モデルと同様の構造を有しており，**回帰型 RC 効果モデル** (regression type RC effect model) と呼ばれる (Yamaguchi, 1998, p.241)。

　表 4.2 に記載されている最後の 2 つのモデル 12 と 13 は，モデル 11 の CP 特定化に基づいているが，両方ではなく一方の内的連関パラメータに等値制約が加えられている（すなわち ϕ_{1k} または ϕ_{2k} のどちらか）。両モデルともなお対数 3 重線形項で表現できるため，次元間制約は必要なく，収束した推定値は回転に対して一意である。モデル 12 と 13 の条件付き対数オッズ比と局所対数オッズ比は，式 (4.59) と (4.60) に記載されているものと同様の構造にしたがうが，ϕ_{mk} パラメータは，どちらの等値制約が課されたのかに応じて，ϕ_1 か ϕ_2 のいずれかにさらに単純化することができる。

　上にあげた様々な部分等質モデルあるいは部分異質モデル間の体系的な比較は，等質あるいは異質な制約がどこに必要なのかについて研究者が具体的に特定化するのに役立つ。CP 分解法を使用するモデル，すなわちモデル 11 から 13 に対しては，層変数が時間順序か複数のグループ，あるいはそれらの両方を示す場合，ϕ_{mk} パラメータにさらなる制約を課すことができる。さらに，条件付き $RC(2)-L$ モデルがデータに適合しない場合には，$U+RC(2)-L$，$R+RC(2)-L$，$C+RC(2)-L$，$R+C+RC(2)-L$ などのハイブリッドモデルを用いることも可能である。場合によっては，正方表の場合の対角パラメータのように，ノンパラメトリックな効果を含めることは，より魅力的かもしれない。最後に，事前に固定されたスコア $U_1^0, U_2^0, \ldots, U_M^0$ のある別の種類のモデルを考えることもでき，これは線形 × 線形連関の一般化である。$U_M^0(m)-L$ または $(U_1^0 + U_2^0 + \cdots + U_M^0)-L$ モデルは $RC(M)-L$ モデルの特殊なケースとして扱うことができる。これは Hout (1984, 1988) による SAT モデルと等しく，アメリカの職業移動構造の時間的変動に関する研究に，うまく活用されている。

表 4.3 1975 年から 1990 年の白人アメリカ人における教育と職業の連関の時間的変化

教育	職業									
	UNM	LNM	UM	LM	F	UNM	LNM	UM	LM	F
(A)1975-1980	白人男性					白人女性				
大学以上	201	29	8	13	5	152	29	2	8	0
短大	18	6	3	6	0	17	12	0	3	0
高校	109	74	164	89	16	101	336	9	134	2
高校未満	7	6	45	30	6	7	41	7	63	0
(B)1985-1990	白人男性					白人女性				
大学以上	247	58	20	23	2	288	51	1	17	3
短大	48	11	16	13	1	47	38	2	18	0
高校	157	68	178	116	27	165	321	27	168	1
高校未満	7	7	50	42	5	12	25	5	29	6

注：5つの職業カテゴリは，上層ノンマニュアル (UNM)，下層ノンマニュアル (LNM)，上層マニュアル (UM)，下層マニュアル (LM)，農業 (F) である。分析対象は 25 歳から 39 歳の男女で，データは 1972 年から 2006 年の総合的社会調査の累積データから得られた。合計サンプルサイズは 4,078 である。

4.6　教育と職業の連関の変化の例

　第 1 の例では，米国における教育と職業の関係に長期的に系統的な変化があるかどうか，そして男女で同様の関係が見られるのかという問題を検討する。表 4.3 に示されたクロス分類した度数は，1972 年から 2006 年の**総合的社会調査の累積データ** (Davis et al., 2007) から得られている。2つの時点があり，1975 年から 1980 年と 1985 年から 1990 年である。個人の教育は，雇用主が労働者に求める資格要件と合わせて，就学年数ではなく，達成した学歴によって測定される。この変数には (1) 大学以上，(2) 短大，(3) 高校，(4) 高校未満の 4 つの結果がある。個人の職業には，(1) 上層

ノンマニュアル (upper nonmanual: UNM), (2) 下層ノンマニュア
ル (lower nonmanual: LNM), (3) 上層マニュアル (upper manual:
UM), (4) 下層マニュアル (lower manual: LM), (5) 農業 (farm: F)
の5つのカテゴリがある。サンプルは25歳から39歳までの白人
男女に限定されている。したがって, 以下の分析は $4 \times 5 \times 2 \times 2$
の表 (表4.3) に基づいており, 合計サンプルサイズは4,078であ
る。

　この表をよく見ると, アメリカ経済が産業経済からポスト産業経
済, サービス経済へと急速に転換していく中で, 今日ではより多く
の労働者がノンマニュアルの地位に就いている一方で, マニュア
ルや農業の職業に就いている労働者は少なくなっていることがわ
かる。この観察結果は特に女性に当てはまる。また, 右端の列 (農
業) のいくつかの要素には観察値がほとんどあるいは全くないとい
う事実にもかかわらず, そのことが推定された連関パラメータへ与
える影響は無視できるということを再確認できる。これは, 連関パ
ラメータが個々のセルではなく全体の行や列から得られるため, ゼ
ロセルまたは疎なセルが連関パラメータの安定性に与える影響は比
較的小さい, という以前に述べた主張を裏付けるものである。

　表4.4は, 教育と職業との関連性が時代によってどのように変
化し, ジェンダーによってどのように異なるのかを探索するため
の, 一連の等質連関モデルと異質連関モデルを掲載している。モデ
ル1は, 条件付き独立を仮定した基準モデルである。これは等質
$RC(0) - L$ モデルと呼ぶこともでき, 自由度は48で L^2 は1,371
であり, 各層カテゴリで連関が独立しているというシナリオはも
っともらしくないことを明確に示している。モデル2と3は, 等
質 $RC(1) - L$ と異質 $RC(1) - L$ モデルによる結果をそれぞれ報告
している。等質 $RC(1) - L$ モデルは基準モデルよりも劇的な改善
を示すものの, 適合度統計量は, モデルがデータに適合していない

表 4.4　表 4.3 に一般 $RC(M) - L$ 連関を適用した結果

モデルの説明	自由度	L^2	BIC	Δ	p
1. $RC(0) - L$（等質）	48	1370.93	971.89	23.75	0.000
2. $RC(1) - L$（等質）	42	143.83	−205.33	6.39	0.000
3. $RC(1) - L$（異質）	24	69.06	−130.46	3.04	0.000
4. $RC(2) - L$（等質）	38	117.38	−198.52	5.24	0.000
5. $RC(2) - L$（異質）	8	5.83	−60.67	0.44	0.666
6. $RC(3) - L$（等質）	36	113.18	−186.10	5.19	0.000
7. $RC(3) - L$（異質）	0	0.00			
8. $U + RC$（等質）	41	124.75	−216.10	5.58	0.000
9. $U + RC$（異質）	20	27.47	−138.80	1.54	0.123

ことを依然として示している。一方，異質 $RC(1) - L$ モデルは，劇的な改善（自由度 24，L^2 は 69）を見せるが，通常の基準を満たしていない。等質なモデル 2 の BIC 統計量の値 (−205) は，その異質なモデル 3 の値 (−130) よりもさらに負に大きな値であることに注意されたい。等質な定式化を最終的なモデルとして選択したいと思うかもしれないが，他の競合するモデルのほうが良い結果を示し，より負に大きな BIC 統計量を示す可能性があるので，これは必ずしも正しい判断ではない。

次の 2 組のモデル（4 行目から 7 行目）では，連関の次元数を 1 から 2 または 3 に増やしている。異質な 2 次元連関モデル（5 行目）がこれまでのところ最良の結果を示す（自由度 8，L^2 が 6）。

等質 $RC(2) - L$ モデルと異質 $RC(2) - L$ モデルの対比は，自由度 30 の差で，カイ 2 乗値の総変化は 111.6 (= 117.4−5.8) であり，これは教育と職業の間の連関が層カテゴリの間で明らかに同じではないことを示している。異質 $RC(3) - L$ モデルは自由度 0 の飽和モデルであるが，等質 $RC(3)-L$ は自由度 36 で $L^2 = 113$ である。最後の 2 つのモデル（8 行目と 9 行目）は，複雑な連関構造を捉え

るための少し異なる2次元定式化 ($U + RC$) を用いたハイブリッドモデルである。特に，異質 $U + RC$ モデルの適合度統計量が満足のいく結果をもたらす（自由度 20，$L^2 = 27$，$p = 0.12$）。また，異質モデルと等質モデルの間の比較は，表の間の大幅な変動を示している（自由度およびカイ2乗値の差は 21 および約 97）。対象となっている関係をよりよく理解するために，$R + RC$，$C + RC$，$R + C + RC$ などの他のハイブリッドな定式化を用いることは可能だが，以下の議論では代わりに $RC(2) - L$ モデルに焦点を当て，次元間制約を緩和できるか減らせること，必要に応じて自由度の適切な計算が行われる状況についてさらに説明する[7]。

　表 4.4 に記載されたモデルを使用し，適合度統計量を分解することで，連関の正確な次元を見つけることが可能である。これは対象となっている関連を理解するために重要である。表 4.5 に 2 つの分解の結果を示す。(A) では，分解はいくつかの完全に等質なモデルに基づいている。例えばモデル 1 とモデル 2 の対比は，教育と職業との関連性のかなりの部分が第 1 次元（自由度 6 で 89.5%）にあり，第 2 次元と第 3 次元にそれぞれ 2% と 0.3% が残っており，残りの 8.3% は対数乗法的要素の異質性に起因することを明らかにしている。

　完全に異質なモデルに基づく同様の結果は，表 4.5(B) で見ることができる。連関の大部分は第 1 次元にあるが (95%)，モデル 3 とモデル 5 の対比から，全変動の 4.6% 強が第 2 次元に起因するものであり，0.5% 未満が第 3 次元に起因するものであることがわかる。言い換えれば，表 4.5 の結果は，$RC(2) - L$ 定式化が教育と職業の間の全体的な連関を最もよく捉えており，そして層カ

---

[7]一方，これらのハイブリッドモデルは，次元間制約やモデルの自由度の適切な計算を検討する必要がないため，魅力的と考える社会科学の応用研究者がいるかもしれない。

表 4.5　表 4.4 に適用した $RC(M) - L$ モデルの連関分析

要素	用いたモデル（表 4.4）	L^2 要素	パーセント	自由度
(A) 完全等質モデルに基づく要素				
第 1 次元	$(1) - (2)$	1227.10	89.50	6
第 2 次元	$(2) - (4)$	26.45	1.93	4
第 3 次元	$(4) - (6)$	4.20	0.31	2
異質	(6)	113.18	8.26	36
全体	(1)	1370.93	100.00	48
(B) 完全異質モデルに基づく要素				
第 1 次元	$(1) - (3)$	1301.87	94.96	24
第 2 次元	$(3) - (5)$	63.23	4.61	16
第 3 次元	$(5) - (7)$	5.83	0.43	8
全体	(1)	1370.93	100.00	48

テゴリ間にはかなりの違いがあるということを裏付けている。

　異質 $RC(2)$ モデルを出発点とし，一連の部分的に等質な制約のあるモデルを表 4.6 に示す。6 つのパラメータ（ϕ_{1k}，ϕ_{2k}，μ_{i1k}，μ_{j2k}，ν_{i1k}，ν_{j2k}）が検討の対象であり，妥当で系統的な戦略を立てる必要がある。単純な経験則として，等質な等値制約の検定は，最初に行や列のスコアパラメータに適用される。それらの結果が支持されるとき，さらに内的連関パラメータに対する等質な等値制約が課される。この戦略は，正しく適用されれば，単純で実質的に解釈可能な結果を示す可能性が高い。表 4.6 には，おそらく必要以上に多くのモデルが掲載されていることに注意してほしい。これらのモデルをここに含めたのは，多くのモデルがより少ない次元間制約条件を必要とするか，あるいはまったくそのような制約を必要としないという前節の主張を検証するためである。

　表 4.6 の最初の 4 つのモデルは異なる組合せを使用して，両次元の行スコアと列スコアがジェンダーと時点間で等しいかどうかを検

表 4.6　部分等質あるいは部分異質 $RC(2) - L$ モデルの結果

モデルの説明	自由度	L^2	BIC	Δ	p
1. 等質な μ_{i1}, μ_{i2}	14	7.98	-108.42	0.69	0.891
2. 等質な ν_{j1}, ν_{j2}	20	29.25	-137.02	1.82	0.083
3. 等質な μ_{i1}, ν_{j1}	15	11.21	-113.49	0.89	0.737
4. 等質な μ_{i2}, ν_{j2}	15	16.90	-107.80	1.46	0.325
5. 等質な μ_{i1}, μ_{i2}, ν_{j1}	22	19.61	-163.28	1.23	0.608
6. 等質な μ_{i1}, ν_{j1}, ν_{j2}	25	33.01	-174.82	2.10	0.130
7. 等質な ϕ_1, μ_{i1}, ν_{j1}	18	12.35	-137.29	1.00	0.829
8. 等質な ϕ_2, μ_{i2}, ν_{j2}	18	18.21	-131.43	1.24	0.442
9. 等質な μ_{i1}, μ_{i2}, ν_{j1}, ν_{j2}	30	38.46	-210.94	2.12	0.138
10. 等質な μ_{i1}, μ_{i2}, ν_{j1}, ν_{j2}, 制約のある ϕ_1 （性別によって時点間で一定）	32	40.44	-225.59	2.17	0.146
11. 等質な ϕ_1, μ_{i1}, μ_{i2}, ν_{j1}, ν_{j2}	33	43.44	-230.90	2.31	0.106
12. 等質な ϕ_1, μ_{i1}, μ_{i2}, ν_{j1}, ν_{j2}, 制約のある ϕ_2 （女性について時点間で一定）	34	44.64	-238.01	2.70	0.105
13. 等質 ϕ_1, ϕ_2, μ_{i1}, μ_{i2}, ν_{j1}, ν_{j2}	38	117.38	-198.52	5.24	0.000

定する（層変数が 2×2 のグループ化変数であることを思い出してほしい）。各モデルは異なる検定を表す。モデル1は，両次元で行スコアが等しいという制約を課す。モデル2では，両次元で列スコアが等しいという制約を課す。モデル3では第1次元で行スコアと列スコアが等しいという制約を課す。最後に，モデル4では，第2次元で行スコアと列スコアが等しいという制約を課す。モデル2を除いて，両次元の行と列のスコアが層の間で実際に等しいことを示す強力な根拠がある。例えば，両次元で行スコアが等しいモデル1では，自由度14で L^2 が8であり，行スコアのパラメータが層間で等しいという帰無仮説を棄却する経験的な根拠がほとんどないことを示している。表4.2によると，モデル1と2は2つの次元間制約を必要とするが，モデル3と4はまったく制約を必要としない。

表4.6の次の2つのモデルは3つの項への等値制約の検定を試み

る（モデル 5 は $\mu_{i1}, \mu_{i2}, \nu_{j1}$，モデル 6 は $\mu_{i1}, \nu_{j1}, \nu_{j2}$）。どちらの
モデルでも，必要となる次元間制約は 1 つのみである（表 4.2 のモ
デル 7 および 8）。適合度統計量に基づくと，表 4.6 のモデル 5（自
由度 22 と $L^2 = 20$）よりもモデル 6（自由度 25 と $L^2 = 33$）の
制約のほうが適切なようだ。モデル 7 は第 1 次元の全パラメータ
（ϕ_1，μ_{i1}，ν_{j1}）の等質性を仮定しており，モデル 8 は第 2 次元の
全パラメータ（ϕ_2，μ_{i2}，ν_{j2}）の等質性を仮定している。いずれの
場合も次元間制約は必要なく，結果はどちらも満足のいくものであ
る（自由度 18，L^2 はそれぞれ 12 と 18）。

モデル 9 は CP 分解を採用し，代わりに 2 つの内的連関パラメ
ータ ϕ_{1k} と ϕ_{2k} に異質性を仮定している。モデルの適合度はいく
らか良好である（自由度は 30，$L^2 = 38$）。これまでに議論した他
のすべてのモデルと比較して，モデル 9 はすべての $RC(M)$ モデ
ルの中で最も負に大きな BIC 値をとるため，好ましいモデルだろ
う。さらに，このモデルとその完全に等質あるいは完全に異質な
モデル（表 4.4 のモデル 4 およびモデル 5）との比較から，117.4
のカイ 2 乗値のうちの約 78.9(= 117.4 − 38.5) あるいは全変動の
67.2% が，8 つの内的連関パラメータ（ϕ_{1k}，ϕ_{2k}）によって把握で
き，行スコアと列スコア（μ_{i1k}，μ_{i2k}，ν_{j1k}，ν_{j2k}）の層間での変
動が，残りの 32.8% を説明していることがわかる。

表 4.6 の最後の 4 つのモデルは，モデル 9 の条件の下，両次元に
おける内的連関パラメータにさらなる制約を課すことを試みてい
る。ϕ_{1k} を精査すると，第 1 次元ではどちらの時点についてもジェ
ンダーによる変動はほとんどあるいはまったくないことがわかり，
この仮説はモデル 10 で検証されている。モデル 9 と比較すると，
自由度を 2 増やしても，適合度に有意な低下は見られない。さら
に検討すると，第 1 次元における男性と女性の内的連関パラメー
タはジェンダー間で同じであり，時代によっても変化しないことが

明らかになった。この仮説はモデル11で検証され，このモデルの相対的適合度は満足できるものである。このモデルの推定値に基づけば，第2次元における女性の内的連関パラメータは同じままであるが，男性では異なるということがさらに明らかとなった。この制約のある仮説はモデル12で検定されており，棄却されない。

　最後に，完全に等質な $RC(2)$ モデル（表4.4のモデル4）が，再び表4.6にモデル13として掲載されているが，ϕ_{1k} と ϕ_{2k} の変化に制約を課すことが，米国の教育と職業の関連における時間的変化とジェンダー差を理解するための，最も倹約的で強力な方法であることが明らかとなった。ϕ_{1k} と ϕ_{2k} に4つのパラメータのみを用いることによって，推奨モデル（モデル12）は，全変動の約62%を捉えている。さらに，この推奨モデルは，通常の基準を満たすことができるだけでなく，BIC統計量で最も負の値をもつ。言い換えれば，モデルの精度と科学的倹約性の間のいわゆるトレードオフは，代替的な競合モデルが含まれる場合，現実には成り立たないようである。

　表4.7には，表4.6のモデル9と12のパラメータ推定値とそれらの漸近標準誤差（Rのgnmモジュールから直接得られた）を示した。予想されたように，両モデルから推定された行スコアおよび列スコアパラメータは強く相関しており，類似のパターンを示している。図4.1と図4.2は，モデル9のパラメータ推定値に対称正規化（式(2.38)）を使用し，推定された行スコア（教育）と列スコア（職業）をそれぞれグラフで表したものである。教育については，図4.1より第1次元が垂直的であることは明らかであり（すなわち，より高いレベルの教育達成はより高いスコアを有する），第2次元はその垂直的な傾向からの逸脱を表している。同様に，図4.2より第1次元における列スコアの推定値（職業）は，従来の社会経済的序列とおおむね一致しており，ノンマニュアル職はマニ

表 **4.7** 1975 年から 1990 年の教育と職業の連関の経時的変化のパラメータ推定値

パラメータ		モデル 9		モデル 12	
		第 1 次元	第 2 次元	第 1 次元	第 2 次元
ϕ	男性, 75-80 年	3.075	0.539	2.979	0.731
		(0.399)	(0.443)	(0.336)	(0.467)
	女性, 75-80 年	3.474	1.686	2.979	1.973
		(0.537)	(1.124)	(0.336)	(0.972)
	男性, 85-90 年	2.949	−0.770	2.979	−0.705
		(0.411)	(0.484)	(0.336)	(0.421)
	女性, 85-90 年	2.460	1.892	2.979	1.973
		(0.382)	(1.110)	(0.336)	(0.972)
μ	大学以上	−0.640	0.731	−0.650	0.770
		(0.029)	(0.079)	(0.027)	(0.060)
	短大	−0.239	−0.217	−0.227	−0.165
		(0.039)	(0.141)	(0.039)	(0.143)
	高校	0.168	−0.636	0.171	−0.617
		(0.031)	(0.083)	(0.028)	(0.083)
	高校未満	0.711	0.121	0.705	0.012
		(0.021)	(0.171)	(0.019)	(0.167)
ν	上層ノンマニュアル	−0.765	0.071	−0.748	0.043
		(0.025)	(0.101)	(0.030)	(0.077)
	下層ノンマニュアル	−0.250	−0.480	−0.280	−0.477
		(0.046)	(0.073)	(0.050)	(0.073)
	上層マニュアル	0.398	−0.198	0.393	−0.227
		(0.052)	(0.105)	(0.053)	(0.102)
	下層マニュアル	0.273	−0.216	0.259	−0.169
		(0.048)	(0.066)	(0.047)	(0.063)
	農業	0.344	0.824	0.376	0.831
		(0.086)	(0.039)	(0.086)	(0.031)

ュアル職や農業よりも上位にある。唯一複雑なのは，農業や上層マニュアルよりも下層マニュアルのほうが相対的な順位が高い傾向があることだ。しかし，それらの間の違いは第 1 次元では小さい。

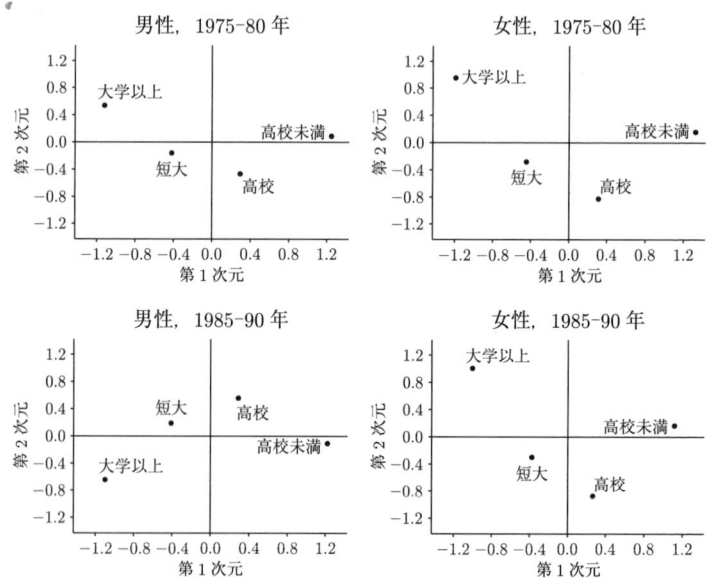

図 4.1 表 4.6 のモデル 9 から推定された教育スコア

むしろ，ほとんどの逸脱は第 2 次元におけるマニュアル職と農業の間に生じている。この変則的な動きは，部分的にはサンプルの制限によるものだろう。というのも，分析はまだキャリアが浅いか中堅的なキャリア（25 歳から 39 歳）の個人のみに関するのものだからだ。それにもかかわらず，第 1 次元の行スコアと列スコアはともに，社会経済的序列や地位達成における垂直的な傾向，すなわち，個人の教育達成が高ければ高いほどその個人の社会経済的達成は高い，ということを反映している。

モデル 12 によれば，第 1 次元の内的連関パラメータにはジェンダー差も時間的変化もない[8]。すべてのジェンダー差と時間的変化は，第 2 次元に見られる。第 1 次元が社会経済的序列を示すならば，第 2 次元はその序列から逸脱した付加的なキャリアや障壁と

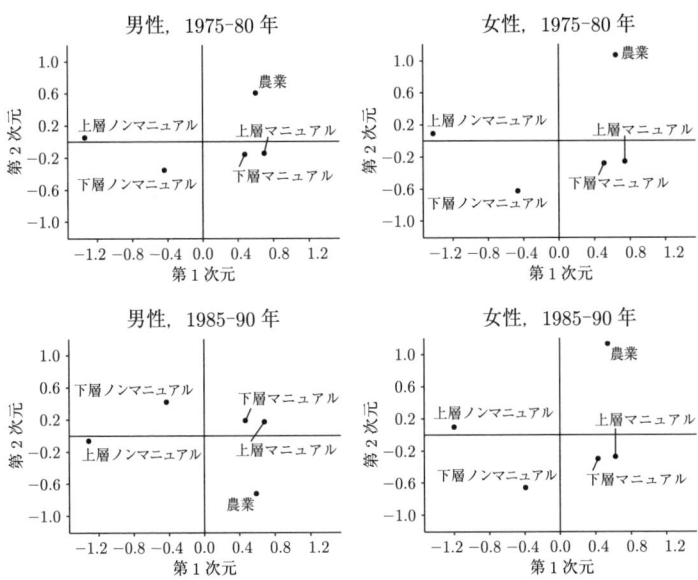

図 4.2 表 4.6 のモデル 9 から推定された職業スコア

して解釈することができる。内的連関パラメータが両期間ともアメリカ人女性の間で強くかつ安定している ($\phi_2 = 1.973$) ことを考えると，これらの付加的なキャリアと障壁は，長期にわたって持続されていることになる。おそらく，観察の結果で最も興味深いのは，1975 年から 1980 年には，女性に比べてはるかに低い水準ではあるが，アメリカ人男性にもこうしたキャリアや障壁があったにもかかわらず，1985 年から 1990 年にはその効果が逆転したことである。

では，これらの付加的なキャリアや障壁とは何だろうか。第 1

---

8) Yamaguchi (1998, p.241) によると，モデル 12 の下での条件付き対数オッズ比は，Goodman と Hout の回帰型層効果モデルとして表すことができる。

に，他の条件がすべて同じであれば，短大と高校を卒業した人は，下層ノンマニュアル職に就く傾向が高い（第2次元の行と列のスコアの積が正であることを思い出してほしい）。この結果は，他の先進産業社会でも共通に見られる，特に事務，秘書，販売職などのノンマニュアル労働の女性化 (feminization) と一致している。第2に，大学で教育を受けた個人が農業で働く傾向が予想以上に大きいことがあげられる。もちろん，実際の人数が男女ともに少ないことを考えると，必ずしも大きな変化とはいえない。第3に，大学教育を受けた個人は，下層ノンマニュアルまたはマニュアル職に就く可能性が比較的低い。これは，多くのノンマニュアル職で専門職化が生じているという一般的な傾向を反映していると思われる。このような付加的なキャリアや障壁の根源は，労働市場の需要と個人の嗜好や選好による供給の両方に起因しているかもしれないが，それにもかかわらず，これらの結果はかなり明確にジェンダー化した社会的分業を表しているのである。

4.7　教育と婚前交渉に対する態度の関係の例

　第2の例は，米国における学歴と婚前交渉に対する態度の関係について，時間的変化の可能性を検討するものである。表4.8の各値は，1972年から2006年の**総合的社会調査の累積データ** (Davis et al., 2007) から女性に限定して集計されたものである。全部で21の表があり，合計サンプルサイズは16,548である。教育は，(1) 高校未満，(2) 高校，(3) 短大，(4) 大学以上，の4つのカテゴリで測定されている。婚前交渉に対する態度には，(1) 常に間違っている，(2) ほぼ常に間違っている，(3) 時々間違っている，(4) 間違っていない，という4つの結果がある。したがって，以下の分析は4×4×21の表に対してのものである。ここでの作業仮説は，もし

表 4.8　女性における教育と婚前交渉に対する態度のクロス分類表

教育	婚前交渉に対する態度											
	1	2	3	4	1	2	3	4	1	2	3	4
	1972				1974				1975			
高校未満	170	29	59	50	129	32	46	33	124	42	63	60
高校	105	46	76	50	88	48	85	91	99	42	58	85
短大	43	9	27	28	38	11	35	38	32	15	30	45
大学以上	13	9	23	21	20	13	25	34	17	12	38	23
	1977				1978				1982			
高校未満	139	28	65	59	125	31	41	91	164	37	58	91
高校	98	32	68	106	106	38	78	103	112	30	82	135
短大	33	15	36	40	45	18	32	61	49	17	41	94
大学以上	28	10	12	37	17	13	27	40	25	16	26	63
	1983				1985				1986			
高校未満	105	27	38	76	102	19	29	70	100	26	40	70
高校	96	43	91	98	103	28	61	99	98	33	74	94
短大	38	18	47	64	43	14	46	88	44	5	44	61
大学以上	38	14	37	59	27	8	21	57	30	8	31	58
	1988				1989				1990			
高校未満	66	19	25	37	59	12	23	42	43	14	20	30
高校	40	22	43	63	75	19	38	63	47	21	35	65
短大	25	17	30	52	23	17	35	59	31	18	30	44
大学以上	20	9	29	35	21	5	26	37	25	12	23	42
	1991				1993				1994			
高校未満	64	14	21	43	47	17	20	33	88	21	32	61
高校	47	29	38	71	59	20	45	74	117	39	69	136
短大	39	12	25	61	34	19	28	66	78	35	54	115
大学以上	26	15	27	48	29	10	31	51	65	23	71	120
	1996				1998				2000			
高校未満	68	21	31	66	60	23	35	45	70	18	29	67
高校	97	35	72	120	103	28	73	110	96	29	65	107
短大	61	46	66	122	78	31	55	115	79	26	72	122
大学以上	58	21	68	110	59	26	58	113	62	21	54	96
	2002				2004				2006			
高校未満	36	7	10	20	25	7	3	20	57	18	33	54
高校	57	14	34	59	54	12	22	46	90	23	61	105
短大	40	15	25	64	48	16	33	63	107	30	60	146
大学以上	29	9	24	52	21	11	29	56	71	25	70	36

注：婚前交渉のカテゴリは (1) 常に間違っている，(2) ほぼ常に間違っている，(3) 時々間違っている，(4) 間違っていない。合計サンプルサイズは 16,548 である。

表 4.9 表 4.8 に適用した連関モデルの結果

モデルの説明	自由度	L^2	BIC	Δ	p
1. 条件付き独立	189	650.81	−1185.14	7.84	0.000
2. 等質連関	180	193.07	−1550.45	3.92	0.169
3. 対数線形層効果 (LL_1)	160	174.04	−1380.21	3.64	0.212
4. 対数乗法層効果 (LL_2)	160	170.83	−1383.41	3.59	0.265
5. 線形トレンド制約のあるモデル 4	179	187.82	−1550.99	3.82	0.311
6. 異質 U	168	232.60	−1399.35	4.39	0.001
7. 異質 RC	84	94.45	−721.53	2.48	0.204
8. 単純な異質 RC	164	178.42	−1414.68	3.75	0.209
9. ϕ に線形トレンドのあるモデル 8	183	195.46	−1582.20	3.95	0.251
10. ϕ に2次曲線トレンドのあるモデル 8	182	195.36	−1572.59	3.96	0.236
11. 等質 RC	184	206.45	−1580.93	4.08	0.123
12. $\nu_3 = \nu_4$ としたモデル 8	165	179.55	−1423.27	3.79	0.208
13. ϕ に線形トレンドのあるモデル 12	184	196.79	−1590.59	3.96	0.246

個人の自由と女性の自身の身体に対するコントロールが増大していく長期的傾向があり,そしてより高学歴の女性がそのようなイデオロギーを支持する可能性が高いならば,(低い)学歴と婚前交渉(への不支持)との強い連関は時間の経過とともに低下するはずである,というものだ。

　時間的変化の可能性を検出するための一連のモデルを表4.9に示す。比較のための基準モデルとして,条件付き独立モデル(1行目)が用いられている。自由度189で L^2 は651となり,このような定式化の下で,8% 近くの女性が誤分類される。一方,完全2元交互作用または等質連関モデル(2行目)は劇的な改善をもたらし(自由度180, L^2 は193),適合度統計量は70% 以上減少している。等質な連関を合理的な近似として選択したい誘惑に駆られる

が，これは時間的変化を明示的に検討する他のモデルと比較して吟味されるべきである。2つの層効果 LL_1 と LL_2 が推定され，3行目と4行目に示されている。これらの結果は非常に類似しているが，対数乗法の特定化（4行目）のほうが若干好ましい。しかし，LL_1 と LL_2 については自由度20を使ってモデル2との L^2 の差がそれぞれ19と22であり，（構造化されていない）オッズ比の時間的傾向を示す根拠はほとんどない。同時に，変化を検出できなかった理由の一部には，検定自体に統計的検出力が欠如していることがある。代わりに，より強力な自由度1のパラメトリックな検定を使用して，目に見える傾向を（もしそれがあるのであれば）検出するべきである。線形トレンド制約が課された場合（5行目），それは，対応する等質モデルよりもわずかに好ましい。BIC統計量の値が実質的に同一であることを考えると，むしろ変化のないモデルが好まれるべきである (Raftery, 1996; Wong, 1994)。言い換えると，自由度1で $5.25(= 193.07 - 187.82)$ という有意なカイ2乗統計量の差は，単にサンプルサイズが大きいことの結果である可能性がある。

　教育と婚前交渉に対する態度の間の関係を捉えるために，2つの特別な連関モデルが推定された。1つ目のモデルは異質な一様連関 (U) モデル（6行目）であり，2つ目のモデルは異質な対数乗法行・列効果 (RC) モデル（7行目）である。モデル7の結果は明らかに満足できるものであるが（自由度84，L^2 は94.5，$p = 0.2$），モデル6はそうではない（自由度168，L^2 は233）。8行目以下のモデルは，傾向を検出するために，$RC(1)$ モデルに様々な種類の制約を課している。8行目の単純な異質モデルは，行スコアと列スコアパラメータ (μ_i, ν_j) についての部分等質 RC モデルと等しく，時間的な傾向を捉えるのは ϕ_k のみである。このモデルの全体的な適合度は満足のいくものである（自由度164，L^2 は178.4）。線

形トレンド制約（9行目）と2次曲線トレンド制約（10行目）の両結果は実質的には同一であり，モデル10が明らかにデータに適合していないことを示している。

11行目の等質 RC モデルと合わせて，過去34年間の内的連関の変化の程度を見つけ出すことができる。モデル8と11との対比から，ϕ_k の全変動は自由度20でカイ2乗値が約28であることがわかる。自由度1による線形トレンド制約だけで，カイ2乗値が約17，またはその変動の約61%を捉える。さらに，モデル9と11の間の入れ子のカイ2乗差の検定は，0.1%水準で統計的に有意であり，線形トレンドがランダムなノイズまたは誤差の結果であるという主張を明確に否定している。モデル9の BIC 統計量ははるかに負に大きな値であり（−1,582），他の単純であるがおそらく不正確なモデルよりも明らかに好ましいことに留意されたい。

さらに単純なモデルを作成することも可能である。モデル8のパラメータ推定値を詳細に検討すると，婚前交渉に対する態度の推定された列スコアは，「時々間違っている」と「間違っていない」とのカテゴリで非常に近いことがわかる（すなわち，$\nu_3 = \nu_4$）。このような制約が単独で課された場合（12行目）と線形トレンド制約と一緒に課された場合（13行目），どちらについても満足のいく好ましい結果が得られている。まとめると，モデル9と13はいずれも，教育と婚前交渉に対する態度との連関が時間とともにわずかに変化することを理解するのに役立つ。この例は，モデルの精度と科学的倹約性の両方の目標を同時に達成することが可能であることから，それらのトレードオフは一部の実証研究者によって誇張されたり乱用されたりしてきた可能性があることを改めて示している。

表4.10に，モデル9と13のパラメータ推定値とそれらの漸近

表 4.10　1972 年から 2006 年のアメリカ人女性における教育と婚前交渉
　　　　に対する態度の連関についての時間的変化のパラメータ推定値

パラメータ	モデル 9	モデル 13
ϕ_t (基準)	0.812(0.068)	0.811(0.066)
ϕ_t に線形トレンド	−0.010(0.003)	−0.010(0.003)
μ_i 高校未満	−0.769(0.017)	−0.771(0.017)
高校	−0.086(0.035)	−0.082(0.035)
短大	0.296(0.041)	0.292(0.042)
大学以上	0.560(0.035)	0.561(0.035)
ν_j 常に間違っている	−0.771(0.028)	−0.771(0.028)
ほぼ常に間違っている	−0.111(0.061)	−0.115(0.061)
時々間違っている	0.398(0.043)	0.443(0.016)
間違っていない	0.484(0.038)	0.443(0.016)

注：括弧内の値は漸近標準誤差。

標準誤差を示す[9]。ν_3 と ν_4 を除いて，両モデルについて報告され
たパラメータ推定値の間には，実質的な差はない。一般的にいっ
て，学歴の低い女性は婚前交渉に対してはるかに保守的な見方を
しており，それを「常に間違っている」として認めていないが，大
学卒の女性はそのような行動を容認したり大目に見たりする傾向
が強い。大学卒の女性は婚前交渉を「時々間違っている」か「間
違っていない」と考える傾向がある。つまり，この結果は，教育
と婚前交渉に対する態度との間に強い関連があることを裏付けて
いる。しかし，このような関連は固定的なものではなく，その強
さは 1972 年から 2006 年の間にわずかではあるが徐々に低下して
いる（図 4.3 も参照）。内的連関 (ϕ) の低下は，年間ベースでは比
較的小さい (0.010) が，それでも累積的には 0.812 から 0.482 へと

---

[9]漸近標準誤差，ジャックナイフ標準誤差，ブートストラップ標準誤差は，
高度にパラメータ化された両モデルにおいて，すべて有効数字 3 桁まで非
常に近い値となった。

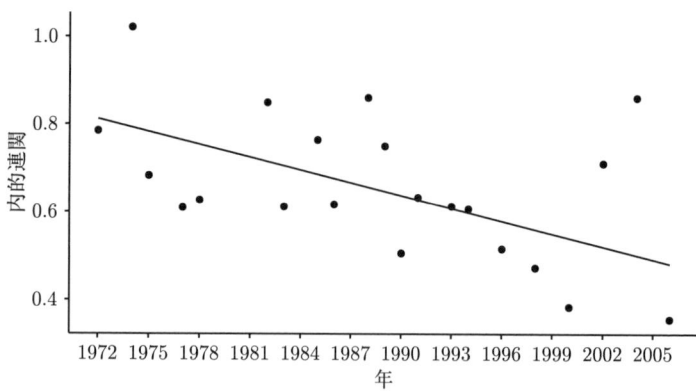

図 4.3　教育と婚前交渉に対する態度の連関の時間的変化

40% 以上も低下しているのは相当なものである。しかし，これら
の統計的に強力な検定を用いなければ，このような微妙な傾向は検
出されなかっただろう。まとめると，様々な条件付き連関モデルの
有用性が，2 つの例からうまく説明できた。どちらの場合も，最終
的なモデルは単純で実質的に解釈可能な結果を示す。おそらくより
重要なのは，最終的なモデルの選択が，モデルの精度と科学的倹約
性という一見相反する 2 つの要求を満たしていることであろう。

第5章

連関モデルの実践的応用

これまでの章で，2元表，3元表，そして多元表を分析するための，連関モデルの有用性を説明した。これらのモデルは，基底にある複雑な連関パターンについて洞察に富んだ理解をもたらすだけではなく，その結果から，仮定された（連関）モデルがデータに適合するときには，通常の統計的検定（つまり，自由度に対する L^2）が競合するモデルの選択基準として依然として適切に使えることがわかる。また，最終的に推奨されるモデルの選択は，サンプルサイズによって影響されない。というのも，様々な例において，サンプルサイズは 1,000 未満から 16,000 以上と異なっているからである。一方，サンプルサイズの影響が問題となるのは，指定されたモデルが「誤っている」場合のみである。つまり，サンプルサイズの影響に関する議論の多くは，誤特定または不適切なモデルの特定化に基づいている (Wong, 2003a)。このような状況下では，「真」のモデルからのわずかな逸脱も，大きなサンプルによって増幅される。競合する代替モデルを注意深く検討しなければ，BIC 統計量のような一般的なモデル選択規準を見境なく使用することは，「誤った」モデルの採用につながる可能性が高い (Weakliem, 1999)。

連関モデルの潜在的な有用性をさらに説明するために，本章では2つの実践応用例を示す。第1の例は，行変数や列変数の特定のカテゴリを統合できるかどうかという問題を扱う。この重要な

問題は，Goodman (1981c) によって入念に取り組まれてきたが，ここでの議論は，同じテーマに関するさらなる洞察を得るために，$RC(M)$ 連関モデルを含むように拡張されている。

　以下の結果は，研究者が統合問題の裏にある側面についても細心の注意を払い，不適切な統合の結果と関連した潜在的な問題を慎重に検討すべきであることを，なお一層明らかにしている。誤って適用すれば，研究者が知らず知らずのうちに，基底にある連関パターンに系統的な歪みをもたらしてしまう可能性がある（同類婚研究の場合の詳細な方法論に関する批判については，Wong (2003b) を参照）。

　第 2 の例は，最適尺度 (optimal scaling) の方法として RC 連関モデルを使用する可能性について説明する（関連する議論については Rosmalen et al., 2009）。過去にも 2 元表に対して RC 連関モデルを用いることで，同様の問題が取り組まれてきた (Kateri & Iliopoulos, 2004; Smith & Garnier, 1987)。ここでは，方法論的にも理論的にも正当化できる，より信頼性と妥当性の高い尺度を得るために，部分対数乗法連関モデルを介して 3 元表を（あるいは場合によってはより高次の表も）含むように拡張されている。「適切な」尺度を構築すれば，その後の多変量解析に利用可能である。

5.1　一部のカテゴリへの統合を判断する連関モデル

　第 1 の例（表 5.1）は，Guttman (1971) から引用したもので，イスラエルの成人 1,554 人を，彼らの「主な悩み」と居住地（場合によっては父親の居住地）にしたがってクロス集計している（この例を教えてくれた Ronald Breiger 氏に感謝したい）。この表は，対応分析 (Greenacre, 1988) によってかなり広範に分析されてきた。行変数は，個人の主な悩み (worries: WOR) を測定したもので，8 つ

表 5.1 イスラエルの成人の主な悩みと居住状況

主な悩み (WOR)	居住状況				
	EUAM	IFEA	ASAF	IFAA	IFI
政治情勢 (POL)	118	28	32	6	7
軍事情勢 (MIL)	218	28	97	12	14
経済情勢 (ECO)	11	2	4	1	1
親族の入隊 (ENR)	104	22	61	8	5
妨害工作 (SAB)	117	24	70	9	7
複数の悩み (MTO)	42	6	20	2	0
個人的な経済状況 (PER)	48	16	104	14	9
その他 (OTH)	128	52	81	14	12

出典：Guttman (1971)。
注：居住状況について，EUAM は欧米在住，IFEA はイスラエル在住で父親が欧米在住，ASAF はアジア・アフリカ在住，IFAA はイスラエル在住で父親がアジア・アフリカ在住，IFI は自身も父親もイスラエル在住，である。合計サンプルサイズは 1,554 である。

のカテゴリがある。それは

(1) 政治情勢 (political situation: POL)

(2) 軍事情勢 (military situation: MIL)

(3) 経済情勢 (economic situation: ECO)

(4) 親族の入隊 (enlisted relative: ENR)

(5) 妨害工作 (sabotage: SAB)

(6) 複数の悩み (more than one worry: MTO)

(7) 個人的な経済状況 (personal economics: PER)

(8) その他の悩み (other worries: OTH)

である。列変数は，個人の居住状況をコード化したもので，以下の5つのカテゴリがある。それは，

(1) 欧米在住 (living in Europe or America: EUAM)

(2) イスラエル在住で父親が欧米在住 (living in Israel, father living in Europe or America: IFEA)

(3) アジア・アフリカ在住 (living in Asia or Africa: ASAF)

(4) イスラエル在住で父親がアジア・アフリカ在住 (living in Israel, father living in Asia or Africa: IFAA)

(5) 自身も父親もイスラエル在住 (living in Israel, father also living in Israel: IFI)

である。

　対応分析に加えて，この表は正準相関 (Gilula, 1986; Gilula & Haberman, 1988) と Goodman の $RC(M)$ 連関モデルにより分析できる。連関モデル，対応分析，正準相関の間には密接な関係があるため (Goodman, 1985; Greenacre, 1984)，これらの 3 種類の分析の違いは大きくないかもしれない。ここでの基本的な目標は，基底にある連関をより簡単に理解できるように，行や列のカテゴリのいくつかが統合できるかどうかを見つけ出すことである。言い換えると，いくつかの行や列が互いに類似の傾向を有するかどうかを見つけ出すことに関心がある。もちろん，行や列のカテゴリを統合できるかどうかや，どの行や列のカテゴリを統合できるかという問題は，今回の例のように，単純な順序付けが容易にはできない場合は特に経験的になる。

　表 5.2 (A) は，主な悩みと居住状況との連関を理解するための一連の統計モデルを掲載している。独立モデルは自由度 28 で L^2 は 121.5 であり，回答者の約 10% がこのモデルで誤分類されている。一方，1 次元 RC 連関モデル，つまり $RC(1)$ モデルでは劇的な改善が見られた。このモデルは自由度 18 で L^2 が 29.2 であり，尤度比カイ 2 乗統計量は約 76% 減少し，5% 水準でかろうじて有意である。このモデルは統計的に支持される状態に近いため，統計的に

表 5.2 主な悩みの分析例

モデルの説明					
(A) 元の表	自由度	L^2	BIC	Δ	p
1.　独立モデル	28	121.47	-84.29	9.84	0.000
2.　$RC(1)$ モデル	18	29.19	-103.08	4.01	0.046
3.　$RC(1)$ モデル，等値制約は MIL = ECO = MTO, ENR = SAB = OTH, ASAF = IFAA	23	29.61	-139.41	4.08	0.161
4.　$RC(1)$ モデル，等値制約は MIL = ECO = MTO = ENR = SAB = OTH, ASAF = IFAA	24	34.51	-141.85	4.80	0.076
5.　$RC(2)$ モデル	10	6.81	-66.68	0.87	0.743
6.　$RC(2)$ モデル，等値制約は両次元の ECO = MTO = MIL = ENR = SAB, ASAF = IFAA	20	13.66	-133.31	2.82	0.847

(B) 連関分析	モデルの対比	L^2	自由度	割合
第 1 次元	(1) $-$ (2)	92.28	10	75.97%
第 2 次元	(2) $-$ (5)	22.38	8	18.42%
第 3 次元／より高次元	(5)	6.81	10	5.61%
全体	(1)	121.47	28	

(C) カテゴリを縮小した表	自由度	L^2	BIC	Δ	p
1.　(3) 下の独立モデル	9	105.10	38.59	8.87	0.000
2.　(3) 下の $RC(1)$ モデル	4	12.87	-16.52	2.66	0.012
3.　(6) 下の独立モデル	9	108.13	41.99	9.50	0.000
4.　(6) 下の $RC(2)$ モデル	1	0.33	-7.02	0.22	0.566

注：詳細は本文を参照。

有意でない状態で，より倹約的な結果を得るために，行や列のスコアに等値制約を課したくなるかもしれない。

　これは，3 行目と 4 行目に記載されているモデルで達成できる。モデル 3 では，等値制約を，推定された行スコア（MIL = ECO = MTO と ENR = SAB = OTH）と推定された列スコア（ASAF = IFAA）に

課す。一方，モデル4では，この行スコアがすべて等しいという
さらなる制約（すなわち，MIL = ECO = MTO = ENR = SAB = OTH）
を課す。モデル2と比較して，モデル3で自由度を5増加させて
も，適合度統計量の有意な低下は見られない。しかしながら，6つ
のすべての行スコア間へのさらなる等値制約（モデル4）は5%水
準で棄却される（自由度およびL^2の差は1および4.9）。モデル3
は統計的に有意ではない（$p = 0.16$）が，BIC統計量が負に大きい
ため，他の条件がすべて同じであれば，完璧に見える。しかし，そ
のような結論は妥当ではないかもしれない。

　モデル5は対数乗法RC連関の次元数を2に増加したものであ
り，その結果は非常に満足のいくものである（自由度は10，L^2は
6.8，$p = 0.74$）。行や列のカテゴリ間に同様の等値制約を課す前
に，様々なモデルの尤度比検定統計量を比較したいと思うだろう。
表5.2(B)は，連関分析(ANOAS)のために分解した統計量を示し
ている。第1次元は連関全体の約76%を捉えるが，第2次元はさ
らに18.4%を説明し，そして残りの5.6%は第3次元以上の次元
になる。分解の結果は，より複雑な定式化である$RC(2)$のほうが
より単純な定式化である$RC(1)$よりも優先されるべきことを，明
確に示している。すべての行スコアと列スコアのパラメータを一意
に識別するために，$RC(2)$モデルには，中心化と尺度化の制約に
加えて，2つの次元間制約$\sum_{i=1}^{I} \mu_{i1}\mu_{i2} = \sum_{j=1}^{J} \nu_{j1}\nu_{j2} = 0$がある
ことに注意してほしい。

　収束した推定値を調べることによって，モデル6では両次元に
等値制約を課す（行スコアは ECO = MTO = MIL = ENR = SAB，
列スコアは ASAF = IFAA）。これらの制約は，モデル3と同じでは
ないことに注意されたい。自由度が10増加し，モデルの適合度の
低下はわずかであり，有意ではない（表5.2(A)のモデル6とモデ
ル5のL^2の差は6.8，$p = 0.74$）。言い換えると，制約付き$RC(2)$

モデルは，最も負に大きな BIC 統計量をもたないにもかかわらず，明らかに推奨される最終モデルである。等値制約が両次元に課されるので，元の 8×5 のクロス表は，ここで，$RC(2)$ の下で 4×4 に統合した新たなクロス表を形成するように効果的に縮小できる。この表は，制約付き $RC(1)$ モデルから導出される 4×4 に統合した別の表と比較すると，異なるセル度数をもつ。

表 5.2(C) は，統計的モデリングにおいて誤った表の統合を採用した結果を検討している。制約付き $RC(1)$ モデルから得た新しい統合表に基づくと，独立モデルは自由度 9 で L^2 は 105 である。この (C) のモデル 1 と (A) のモデル 1 のカイ 2 乗統計量の差はかなり小さく，満足のいくもののようだ（自由度および L^2 の差は 19 および 16.4）。しかし，(C) の 2 行目の $RC(1)$ モデルは，自由度 4，L^2 は 13 であり，5% 水準で棄却することができる。一方，制約付き $RC(2)$ モデルから生成された統合表の下では，結果はかなり異なっていた。2 つの独立モデル間の適合度の低下は，ここでも統計的に有意ではないが（(A) のモデル 1 と (C) のモデル 3 を比較して，自由度および L^2 の差は 19 および 13.4），(C) の 4 行目の $RC(2)$ モデルも同様に満足のいく結果である。

制約付き $RC(2)$ モデルの主な利点は，Goodman (1981c) が説明した特定のカテゴリを組み合わせることができるかどうかを決定するための等質性規準と構造的規準の両方を，それが同時に満たすことである。このモデルに基づくアプローチは，基底にある連関構造を維持しながら，全体的な連関の損失をいかにして最小化するのかに関して，実証研究者に重要な指針を与えてくれる。実際，先行研究は，不適切または不正確なカテゴリの統合が，変数間の連関についての歪んで誤った理解をもたらしうることを示した (Hou & Myles, 2008; Wong, 2003b)。特定のカテゴリが統合されるべきということについての十分な先験的理由がない限り，最良の戦略は，

不適切な統合から歪みが生み出されていないか，そしてそれがその後の分析に影響を及ぼしていないかを理解するために，連関モデルや他の統計モデルを使用することである。

　制約付き $RC(1)$ および $RC(2)$ モデルのパラメータ推定値を表5.3に示す。現在の R における gnm モジュールの制限のため，漸近標準誤差は $RC(1)$ モデルでのみ得られる。$RC(2)$ モデルについては，代わりにブートストラップ標準誤差が計算される。さらに図5.1 と図 5.2 は，制約のない $RC(2)$ モデル（表 5.2(A) のモデル 5）から推定された行スコアと列スコアをグラフで表示している。これらの可視化は，どの行カテゴリや列カテゴリが等しいスコアをもつ可能性が高く，したがって統合することができるかを判断するのに役立つ (Clogg & Shihadeh, 1994, p.92)。鍵となるのは，行カテゴリや列カテゴリのクラスタあるいはグループを特定することである。図 5.1 から明らかなように，次の主な悩みのカテゴリでは，第 1 次元の推定された行スコアがほぼ同じになる (MTO, MIL, SAB, ENR, ECO, OTH)。一方，第 2 次元における「その他の悩み」(OTH) の推定スコアは，他の 5 つのカテゴリとはかなり離れているので，一緒に統合すべきではない。

　同様に，居住状況について推定された列スコアは，IFI と IFAA または ASAF と IFAA のいずれかがクラスタを形成することを示す。前者ではなく後者が正しいクラスタを形成する理由を理解するためには，各 $\hat{\phi}_m$ 値の大きさが，異なる軸に沿って観察された変動に影響を与えることを思い出す必要がある。

　　$\hat{\phi}_1$ が大きい場合，x 軸に沿って比較的大きな変動がある。$\hat{\phi}_2$ が小さければ，y 軸方向の変動は比較的小さく，垂直方向の広がりも小さい。
　　　　　　　　　　　　　　　　　　　　(Clogg & Shihadeh, 1994, p.99)

　第 2 次元における IFI と IFAA の推定行スコアは類似している

表 5.3 主な悩みのパラメータ推定例

		推定されたパラメータ		
		(A) $RC(1)$ モデル (MIL = ECO = MTO, ENR = SAB = OTH, ASAF = IFAA)	(B) $RC(2)$ モデル (両次元に ECO = MTO = MIL = ENR = SAB, ASAF = IFAA)	
説明		第 1 次元	第 1 次元	第 2 次元
ϕ_m		1.357	1.360	0.703
		(0.510)	(0.181)	(0.173)
μ_{im}	POL	−0.427	−0.549	−0.319
		(0.094)	(0.145)	(0.257)
	MIL	−0.173	−0.037	0.255
		(0.047)	(0.055)	(0.035)
	ECO	−0.173	−0.037	0.255
		(0.047)	(0.055)	(0.035)
	ENR	0.032	−0.037	0.255
		(0.046)	(0.055)	(0.035)
	SAB	0.032	−0.037	0.255
		(0.046)	(0.055)	(0.035)
	MTO	−0.173	−0.037	0.255
		(0.047)	(0.055)	(0.035)
	PER	0.851	0.827	−0.236
		(0.040)	(0.117)	(0.254)
	OTH	0.032	−0.093	−0.720
		(0.046)	(0.148)	(0.145)
ν_{jm}	EUAM	−0.699	−0.622	0.642
		(0.088)	(0.147)	(0.163)
	IFEA	−0.295	−0.400	−0.676
		(0.138)	(0.169)	(0.173)
	ASAF	0.457	0.473	0.159
		(0.068)	(0.099)	(0.137)
	IFAA	0.457	0.473	0.159
		(0.068)	(0.099)	(0.137)
	IFI	0.080	0.075	−0.284
		(0.223)	(0.237)	(0.294)

注:括弧内の値は,列 (A) では漸近標準誤差,列 (B) ではブートストラップ標準誤差である。

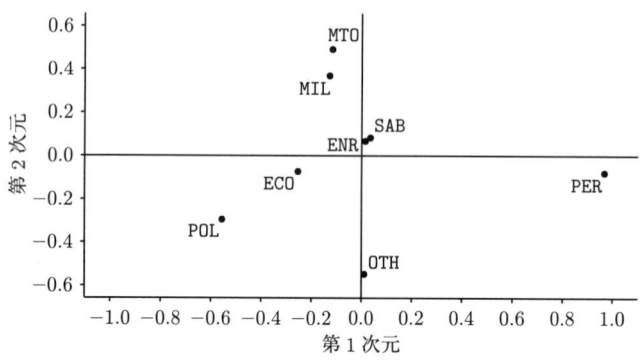

図 5.1　主な悩みの推定スコア

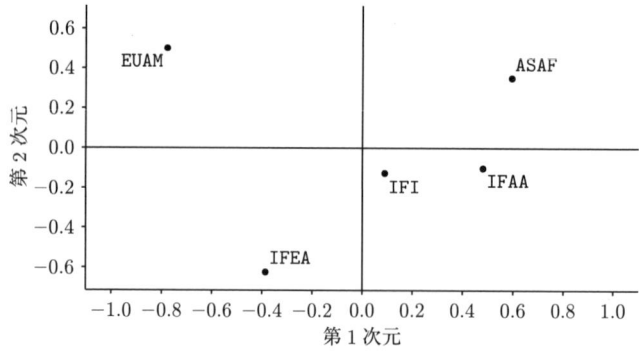

図 5.2　居住状況の推定スコア

が，第1次元では大きく異なる。他方，第2次元における IFAA と
ASAF の間の推定された行スコアは全く似ていないが，その $\hat{\phi}_m$ が
相対的に小さな値であることは，等値制約が課されるときの全体的
な影響が相対的に小さいことを意味する。

5.2　最適尺度化手段としての連関モデルの使用例

　社会科学における多くの応用研究には自然とカテゴリ変数が含まれているが，研究者は他の洗練された多変量モデルに容易に適用できるように，それらを連続的な尺度として処理するか，そのように変換したいと考えている。このような変数への最良なスコアの割り当てをどのように構成すればよいのかがわからず，実務者にとっては経験的なジレンマをもたらす問題となる。本節では，部分対数乗法連関モデルから推定された行スコア，列スコア，層スコアの「外的」(extrinsic) または「偶発的」(contingent) な順序付けの特性を利用して，「望ましい」スコアを得る。異なる規準変数を採用すると異なる順序が得られるため，このような外的順序が得られる（複数の）規準変数の選択が，非常に重要であることを強調しなくてはならない。選択された変数は妥当な理論と過去の実践によって導かれるべきである。以下の例はまた，より信頼性が高く正当な尺度を得るために，2つ以上の変数を使用することによって既存の文献を発展させている (Clogg & Shihadeh, 1994; Smith & Garnier, 1987)。

　他の変数の最適尺度を得るために2つ以上の規準変数を使用するという考え方は，今に始まったものではない（特に Duncan (1982, 1984) の業績に注目してほしい）。例えば，職業の社会経済的地位の場合，Nam-Powers の社会経済的地位スコアは，詳細な職業名から現職者の所得と教育達成の2つの別々の順位を作成し，それを単純に平均することで得られる (Nam & Powers, 1983)。この計算の主な問題は，得られた尺度がモデルに基づいたものではないため，当該の関係性を必ずしも最大化していないことである。Duncan (1961) の画期的な研究は，モデルに基づいた異なるアプローチを採用しており，現職者の教育と所得を用いて職業威信を

予測し，予測値を社会経済的地位スコアとして解釈する。よく用いられているのにもかかわらず，結果として得られたスコアを地位と解釈すべきか，威信と解釈すべきか，またはどちらでもないと解釈すべきかどうかについて，依然として論争が続いている (Nakao, 1992)。

一方，Clogg & Shihadeh (1994) は，連関モデルの枠組み内でモデルに基づく尺度を生成できることを示した。しかし，各規準変数（教育と所得）を別々に使用し，次に 2 つのスコア間の平均値をとることによって個々の職業を尺度化するという彼らの提案は，最善ではないようである (p.58)。彼らはまた，わずかに異なるモデルを用いても，望ましいスコアを同時に得られることを示唆したが，それ以上の議論は行わなかった。次の例では，すでに概説した部分連関の枠組み内で，この課題がどのようにして簡単に解決されるのかを説明する。

統合公共利用ミクロデータ (Integrated Public Use Microdata: IPUM) シリーズ (Ruggles et al., 2004) から，1970 年の国勢調査の 1% 抽出データを用いて，20 歳〜64 歳の男女の主要職業グループを教育と所得でクロス集計している（表 5.4 を参照）。行変数である職業は (1) 専門職，(2) 管理職，(3) 販売職，(4) 事務職，(5) 熟練工，(6) 技能労働者，(7) 運送従事者，(8) 労働者，(9) 農業経営者，(10) 農業労働者，(11) サービス労働者，(12) 民間家事労働者，の 12 のグループからなる。列変数である教育は (1) 高校未満，(2) 高校，(3) 短大，(4) 大学以上，の 4 つのカテゴリがある。最後に，職業からの所得は，層変数として (1) 1,000 ドル未満，(2) 1,000 ドル〜5,999 ドル，(3) 6,000 ドル〜9,999 ドル，そして (4) 10,000 ドルかそれ以上，の 4 つのカテゴリがある。単純化のため，以下の分析では男性と女性を区別せずに，総労働力について分析し，総労働力についての単一の集計した社会経済指標 (socioeconomic

表5.4 1970年の国勢調査から得られた主な職業，所得（単位：ドル），教育（1%サンプル）

20-64歳の男女	高校未満				高校			
	1,000未満	1,000~5,999	6,000~9,999	10,000以上	1,000未満	1,000~5,999	6,000~9,999	10,000以上
専門	1,096	1,847	1,255	925	3,321	6,123	6,830	5,524
管理	1,541	3,134	3,145	3,300	1,915	4,429	7,035	9,421
販売	4,183	5,139	1,857	1,272	8,080	8,586	4,788	4,294
事務	6,033	9,211	5,046	1,058	28,130	44,589	20,074	3,408
熟練工	4,354	13,430	18,670	9,821	2,250	9,075	18,286	14,358
技能労働者	14,587	31,470	16,390	3,751	8,242	17,532	12,825	3,956
運送従事者	1,517	5,820	6,197	2,372	721	2,909	4,141	2,070
労働者	3,581	9,268	5,463	1,007	1,341	3,808	3,163	815
農業経営者	1,454	3,109	1,055	888	563	1,909	1,018	1,051
農業労働者	3,237	3,851	377	102	731	858	247	84
サービス	14,882	22,182	5,363	1,136	11,650	15,818	5,524	2,122
民間家事労働者	6,033	3,475	63	18	1,603	1,005	30	16
	短大				大学以上			
専門	5,968	8,783	7,701	6,483	8,733	14,329	19,386	28,143
管理	1,011	2,162	3,536	6,649	697	1,299	2,362	10,796
販売	3,214	3,621	2,485	3,177	793	1,134	1,292	3,597
事務	11,532	16,837	6,975	1,839	2,563	2,995	2,060	1,600
熟練工	1,009	2,719	3,521	3,409	296	503	626	1,273
技能労働者	1,586	3,025	1,726	668	245	415	238	218
運送従事者	387	941	564	316	86	138	79	48
労働者	994	1,988	542	145	158	259	101	56
農業経営者	171	409	223	245	65	172	99	174
農業労働者	293	290	67	31	32	62	18	30
サービス	4,288	4,916	1,452	766	616	794	347	300
民間家事労働者	370	186	3	4	67	37	5	2

status index for the total labor force: TSEI) を作成している。したがって，以下の分析は，3元表 $(12 \times 4 \times 4)$ に基づいており，819,798の個人が含まれる。分析は，必要に応じてより詳細な職業名を含むようにも，4元あるいは多元クロス分類表にも容易に拡張できることを強調しておく。

表5.5は，この3元表に適用された一連の統計モデルを要約したものである。1行目のモデルは完全独立モデルであるが，非常に悪い結果となり（自由度174，L^2 は586,906），3変数間に何らかの依存関係があることを示している。2行目のモデルでは，職業が統

表 5.5 1970 年の教育と所得による職業の尺度化

モデルの説明	自由度	L^2	BIC	Δ	p
1. 完全独立	174	586906.22	584536.90	3.85	0.000
2. 条件付き独立	108	27957.40	26846.78	6.00	0.000
3. すべての 2 元交互作用	99	6540.40	5192.33	2.64	0.000
4. $RC(1) + RL(1)$ 部分連関	148	70860.99	68845.70	11.17	0.000
5. 一貫した行（職業）スコアのある $RC(1) + RL(1)$ 部分連関	158	185518.25	183363.80	18.27	0.000
6. $RC(1) + RL(1) + CL(1)$ 部分連関	143	42101.44	40154.24	8.27	0.000
7. 一貫した行（職業）スコアのある $RC(1) + RL(1) + CL(1)$ 部分連関	153	174073.13	171989.76	17.80	0.000
8. 一貫した行，列，層スコアのある $RC(1) + RL(1) + CL(1)$ 部分連関	157	177264.57	175126.73	17.76	0.000

注：合計サンプルサイズは 819,798。

制され，教育と所得の間の条件付き独立が仮定されている。モデルの適合度が満足のいくものであれば，ほとんどの社会階層論の文献で示されている単純なマルコフ的因果連鎖，すなわち教育 → 職業 → 所得の関係と整合的である。モデル 2 は劇的な改善をもたらし，完全独立モデルからの逸脱の 95% 強を説明するが，モデルの相対的適合度は依然として満足のいくものではない。一方，教育，職業，所得間のすべてに 2 元交互作用のあるモデル（3 行目）は，対象となる関連性についてのより良い近似となっており，さらに連関の 3.6% を説明する（自由度 99，L^2 は 6,540）。

残りのモデル（4〜8 行目）は，いくつかの部分連関パラメータを対数乗法要素に分解することを試みる。例えば，モデル 4 は，職業-教育と職業-所得の部分連関を分解するが，モデル 5 はさらに，両方の部分連関の職業についての推定スコアが等しいという制約を課す。従来の基準では，両モデルの適合度は十分ではない。モデル 6 は 3 つの部分連関項をすべて対数乗法要素に分解するが，モデル 7 は行（職業）スコアのみが等しいという制約を課し，モデル 8 は行スコア，列スコア，層スコアが等しいという制約を課す。繰り返しになるが，それらのいずれも従来の基準で満足のいく

適合度を示さないが，他のモデルに比べ，モデル7がわずかに好ましいようだ。3つの部分連関パラメータすべての次元を増やすことは可能であるが，我々の目的は職業，教育，所得の間の最も大きな線形関係を引き出すことであるため，ここではそのようなことは行わない。

　表5.5のモデル5，モデル7，モデル8からの推定された行（職業）スコアは，表5.6の (A) に示され，それぞれ，TSEI1, TSEI2, TSEI3 と名付けられている。推定スコアは標準化されているため，それらの平均値と標準偏差に特定の値を与えることで，社会経済指標 (SEI) のような尺度へと簡単に変換できる。職業の序列に関する一般的な理解と一致するように，専門職と管理職は社会経済的序列の上位を明らかに占めている一方で，農業労働者と民間家事労働者は下位に位置付けている。表5.6(B) は，3つの尺度間の相互の相関関係を，重み付けした Duncan の SEI と全国世論調査センター (NORC) の職業威信とともに示している。3つの TSEI 尺度は相関が 0.995 以上であり，実質的には区別できない。もちろん，それは微妙な違いがないことを意味しない。12 の主要職業グループの順序はかなり安定しているが，運送従事者とサービス労働者の相対的位置は，異なる順序付けによってわずかに変化する。

　興味深いのは SEI と威信の相関がやや低い (0.88) ことであり，これは「威信スコアは職業の社会経済的属性の『誤りがちな』(error-prone) 推定値である」という主張と一致している (Featherman & Hauser, 1976, p.405)。このような観点から見ると，3つの得られた TSEI 尺度が，職業威信よりも Duncan の SEI とより高く相関するのは，おそらく驚くべきことではない。それらが Duncan の SEI と相対的に高い相関（0.92 以上）をもつことは，3つの得られた TSEI スコアが社会経済的地位尺度としての表面的妥当性と構成概念妥当性をともに有することを示している。実際には，す

表 5.6　職業尺度化のための連関モデルのパラメータ推定値

	推定された職業スコア		
	$RC(1)$ + $RL(1)$[a]	$RC(1) + RL(1) +$ $CL(1)$[b]	$RC(1) + RL(1) +$ $CL(1)$[c]
(A) 職業スコア			
	TSEI1	TSEI2	TSEI3
専門	0.548	0.569	0.575
管理	0.388	0.379	0.385
販売	0.217	0.223	0.231
事務	0.144	0.171	0.175
熟練工	0.086	0.055	0.046
技能労働者	−0.158	−0.164	−0.176
運送従事者	−0.050	−0.079	−0.097
労働者	−0.141	−0.145	−0.160
農業経営者	−0.024	−0.043	−0.045
農業労働者	−0.399	−0.390	−0.388
サービス	−0.105	−0.092	−0.090
民間家事労働者	−0.506	−0.484	−0.457

(B) TSEI スコア，職業威信，社会経済的地位の相関					
	SEI	威信	TSEI1	TSEI2	TSEI3
SEI	1.000				
威信	0.880	1.000			
TSEI1	0.925	0.913	1.000		
TSEI2	0.938	0.910	0.998	1.000	
TSEI3	0.946	0.913	0.995	0.999	1.000

注：ジャックナイフ／ブートストラップ標準誤差はすべてとても小さいため，ここには掲載していない（< 0.005）。また $R =$ 職業，$C =$ 教育，$L =$ 所得である。
a) 行（職業）への一貫した制約のある $RC(1) + RL(1)$ モデル
b) 行（職業）への一貫した制約のある $RC(1) + RL(1) + CL(1)$ モデル
c) 行，列，層変数への一貫した制約のある $RC(1) + RL(1) + CL(1)$ モデル

べての条件が同じであれば，SEI よりもこれらの尺度が優先されるべきである。なぜなら，SEI は，威信から得られる職業的地位の尺度として，解釈上の曖昧さに悩まされるからである。一方，TSEIスコアは純粋に職業的地位の社会経済的状況に基づいた尺度である。提案した方法は，元の提案者と利用者の意図と完全に一致し

ている（わずかに異なる構築方法については，Ganzeboom et al. (1992), Ganzeboom & Treiman (1996) を参照)。この方法は香港の SEI スコアの作成にうまく適用された (Wong & Wu, 2006)。特にこの著者らは，構築された尺度が，他の2つの一般的な国際的尺度，すなわち標準国際職業威信スコア (SIOPS) と国際社会経済指標 (ISEI) よりもうまく機能することを発見した。

第6章

結　論

　本書の目的は，数多くの貢献者，とりわけ Leo A. Goodman, Clifford C. Clogg, Otis Dudley Duncan による先駆的な研究によって過去20年間で発展した様々な連関モデルについて，体系的で，首尾一貫した教科書のような紹介を行うことであった。本書は，まず2元表における対数線形モデル，対数乗法モデル，ハイブリッドモデル，多次元連関モデル，そしてそれらモデル間の相互関連について丁寧に解説し，その後の章で3元表や多元表へと分析を拡張した。3元交互作用項に関心がなかったりそれを必要としない場合について，一部あるいはすべての2元交互作用パラメータを分解する一連の統計モデルが紹介された。3元交互作用項に関心があり，それが必要である場合には，2元と3元（あるいはより高次）の交互作用項の両方が条件付き連関モデルの下で分解可能である。多数の例示を用いることによって，読者はこれらの連関モデルのもつ強力さと柔軟さについて，よりよく理解することができただろう。

　2元あるいはより高次のクロス分類表のための $RC(M)$ モデルや関連する連関モデルは，クロス表形式になったカテゴリカル変数間の関係を理解するための，ある特定の種類の統計的手法にすぎないことを強調しておく。他の（多かれ少なかれ）洗練された統計モデルも同様に適しており，ときにはよりよい理解をもたらす可能性も

あり，実証研究で無視されるべきではない。このモデル化アプロー
チは，競合する代替モデルの定式化を通じてのみ，複雑な変数間の
関連についての洞察に富んだ理解が可能であるという哲学と一貫し
ている。そうでなければ，基底にある関連を系統的に歪めてしまう
ような，誤ったモデルを選択する危険性がある。一方で，もし適合
度統計量が満足のいくものであれば，連関モデル族は，深い理解を
得る上で特に強力で汎用性が高いということがわかるだろう。特に
3元表や多元表で見られるように関連が複雑であればあるほど，部
分等質制約や部分異質制約のある多次元 $RC(M) - L$ 連関モデルか
ら，単純かつ実質的に解釈可能な結果が得られる可能性は高まるだ
ろう。唯一の問題は，次元間制約をすべてに課す必要があるのか，
一部に課す必要があるのか，あるいはまったくそれが必要ないのか
について，そして特定のモデルの自由度を適切に計算することにつ
いて，慎重になる必要があるということである。

　第5章で紹介した2つの実践的応用は，RC 型連関モデルが一般
的な社会科学研究に広く応用できることを，さらにはっきりと示し
た。実際，潜在構造解析 (Anderson, 2002; Anderson & Vermunt,
2000; Vermunt, 2001) や項目反応理論 (Anderson & Yu, 2007) の
ための類似の RC 型連関モデルがすでに開発されている。さらに，
RC 型連関モデルが対応分析と正準相関分析と密接に関連してい
ることは，よく知られている (Goodman, 1984, 1986)。最近では，
de Rooij (2008) と de Rooij & Heiser (2005) が，正方表の場合，
つまり行と列のカテゴリの間に1対1の対応があるとき，$RC(M)$
連関モデルを2モード距離連関モデルとして再パラメータ化する
ことができ，両モデルで同一の検定統計量と期待度数が得られるこ
とを明らかにしている。

　社会科学的応用研究で一般的である非対称な連関を扱うために，
動的質量 (dynamic mass) と動的位置 (dynamic positions) の仮定

を組み込むことで，一般化された Newton の重力法則を $RC(M)$ 連関モデルとして再パラメータ化できる (de Rooij, 2008)。Goodman の $RC(M)$ 連関モデルの下での μ_{im} と ν_{jm} パラメータは，内積則を用いた集合内距離 (within-set distance) として解釈できる。一般化重力モデルの場合，それと対応した距離パラメータである z_{i1m} と z_{j2m} は，集合間距離 (between-set distance) として解釈できる。後者のみが距離の尺度としてしかるべき解釈を与える。さらに，動的質量と動的位置パラメータの両方を，視覚的に解釈しやすくするために単一のグラフで表現することができる (de Rooij & Heiser, 2005)。

　特定の状況下で，一般化重力モデルは，ここで紹介した部分連関モデルや条件付き連関モデルと関係があることを示せる。自然科学と社会科学との定式化における密接な関係は，確かに興味深い展開である。自然科学との類似性をほのめかしているにもかかわらず，質量と距離の観点からの解釈は，社会的現実というよりメタファーとしてのものである。そうではなく，連関パラメータを，連関のパターンと水準として元のように区別したままのほうが，おそらくより有益である。とはいえ，連関モデルが一連のカテゴリ変数間の複雑な関係を理解するための強力で柔軟な方法を提供できることを，本書を通して読者が確信し，理解していることを願っている。

参考文献

Agresti, A. (1983). A survey of strategies for modeling cross-classifications having ordinal variables. *Journal of the American Statistical Association, 78*, 184–198.

Agresti, A. (1984). *The analysis of ordinal categorical data.* New York: Wiley.

Agresti, A. (2002). *Categorical data analysis.* New York: Wiley.

Agresti, A., & Chuang, C. (1986). Bayesian and maximum likelihood approaches to order restricted inference for models with ordinal categorical data. In R. Dykstra & T. Robertson (Eds.), *Advances in ordinal statistical inference* (pp. 6–27). Berlin, Germany: Springer-Verlag.

Agresti, A., Chuang, C., & Kezouh, A. (1987). Order-restricted score parameters in association models for contingency tables. *Journal of the American Statistical Association, 82*, 619–633.

Agresti, A., & Kezouh, A. (1983). Association models for multidimensional cross-classifications of ordinal variables. *Communication in Statistics, Series A, 12*, 1261–1276.

Aït-Sidi-Allal, M. L., Baccini, A., & Mondot, A. M. (2004). A new algorithm for estimating the parameters and their asymptotic covariance in correlation and association models. *Computational Statistics & Data Analysis, 45*, 389–421.

Andersen, E. B. (1980). *Discrete statistical models with social science applications.* Amsterdam: North-Holland.

Andersen, E. B. (1991). *The statistical analysis of categorical data.* Berlin, Germany: Springer-Verlag.

Anderson, C. J. (1996). The analysis of three-way contingency tables by three-mode association models. *Psychometrika, 61*, 465–483.

Anderson, C. J. (2002). Analysis of multivariate frequency data by graphical models and generalizations of the multidimensional row-column association model. *Psychological Methods, 7*, 446–467.

Anderson, C. J., & Vermunt, J. (2000). Log-multiplicative association models as latent variable models for nominal and/or ordinal data. *Sociological Methodology, 30*, 81–121.

Anderson, C. J., & Yu, J.-T. (2007). Log-multiplicative association models as item response models. *Psychometrika, 72*, 5–23.

Bartolucci, F., & Forcina, A. (2002). Extended RC association models allowing for order restrictions and marginal modeling. *Journal of the American Statistical Association, 97*, 1192–1199.

Becker, M. P. (1989a). Models for the analysis of association in multivariate contingency tables. *Journal of the American Statistical Association, 84*, 1014–1019.

Becker, M. P. (1989b). On the bivariate normal distribution and association models for ordinal categorical data. *Statistics & Probability Letters, 8*, 435–440.

Becker, M. P. (1990). Algorithm AS253: Maximum likelihood estimation of the RC(M) association model. *Applied Statistics, 39*, 152–167.

Becker, M. P. (1992). Exploratory analysis of association models using loglinear models and singular value decompositions. *Computational Statistics & Data Analysis, 13*, 253–267.

Becker, M. P., & Clogg, C. C. (1989). Analysis of sets of two-way contingency tables using association models. *Journal of the American Statistical Association, 84*, 142–151.

Berkson, J. (1938). Some difficulties of the interpretation encountered in the application of the chi-square test. *Journal of the American Statistical Association, 33*, 526–542.

Bishop, Y. M. M., Fienberg, S. E., & Holland, P. W. (1975). *Discrete multivariate analysis: Theory and practice*. Cambridge: MIT Press.

Breen, R. (Ed.). (2004). *Social mobility in Europe*. London: Oxford University Press.

Carroll, J. D., & Chang, J. J. (1970). Analysis of individual differences in multidimensional scaling via an n-way generalizations of Eckart-Young decomposition. *Psychometrika, 35*, 283–319.

Choulakian, V. (1996). Generalized bilinear models. *Psychometrika, 61*, 271–283.

Clogg, C. C. (1982a). Some models for the analysis of association in multi-way cross-classifications having ordered categories. *Journal of the American Statistical Association, 77*, 803–815.

Clogg, C. C. (1982b). Using association models in sociological research: Some examples. *American Journal of Sociology, 88*, 114–134.

Clogg, C. C., & Rao, C. R. (1991). Comment on "Measures, models, and graphical displays in the analysis of cross-classified data." *Journal of the American Statistical Association, 86*, 1118–1120.

Clogg, C. C., Rubin, D. B., Schenker, D., Schultz, B., & Weidman, L. (1991). Multiple imputation of industry and occupation codes from Census Public-Use Samples using Bayesian logistic regression. *Journal of the American Statistical Association, 86*, 68–78.

Clogg, C. C., & Shihadeh, E. S. (1994). *Statistical models for ordinal variables*. Thousand Oaks, CA: Sage.

Clogg, C. C., Shockey, J. W., & Eliason, S. R. (1990). A generalized statistical framework for adjustment of rates. *Sociological Methods & Research, 19*, 156–195.

Davis, J. A., Smith, T. W., & Marsden, P. V. (2007). *General social surveys, 1972–2006* [Cumulative file] [Computer file]. ICPSR0469 7-v2. Chicago: National Opinion Research Center [producer], 2007. Storrs, CT: Roper Center for Public Opinion Research, University of Connecticut/Ann Arbor, MI: Inter-university Consortium for Political and Social Research [distributors], 2007-09-10.

de Rooij, M. (2008). The analysis of change, Newton's law of gravity and association models. *Journal of the Royal Statistical Society, Series A, 171*, 137-157.

de Rooij, M., & Heiser, W. J. (2005). Graphical representations and odds ratios in a distance-association model for the analysis of cross-classified data. *Pyschometrika, 70*, 99-122.

Diaconis, P., & Efron, B. (1985). Testing for independence in a two-way table: New interpretations of the chi-square statistic (with Discussion). *Annals of Statistics, 13*, 845-913.

Duncan, O. D. (1961). A socioeconomic index for all occupations. In A. Reiss Jr. (Ed.), *Occupations and social status* (pp. 109-138). New York: Free Press.

Duncan, O. D. (1979). How destination depends on origin in the occupational mobility table. *American Journal of Sociology, 84*, 793-803.

Duncan, O. D. (1982). *Rasch measurement and sociological theory.* Hollingshead Lecture, Yale University.

Duncan, O. D. (1984). *Notes on social measurement, historical and critical.* New York: Russell Sage Foundation.

Efron, B. (1981). Nonparametric estimates of standard error: The jackknife, the bootstrap, and other methods. *Biometrkia, 68*, 589-599.

Efron, B., & Tibshirani, R. (1993). *An introduction to the bootstrap.* New York: Chapman & Hall.

Eliason, S. R. (1990). *The categorical data analysis system, Version 3.50, User's manual* [Computer program]. Department of Sociology, University of Iowa.

Erikson, R., & Goldthorpe, J. H. (1992). *The constant flux: A study of class mobility in industrial societies.* London: Clarendon Press.

Featherman, D. L., & Hauser, R. M. (1976). Prestige or socioeconomic scales in the study of occupational achievements. *Sociological Methods & Research, 4*, 402-422.

Fienberg, S. S. (1980). *The analysis of cross-classified categorical data* (2nd ed.). Cambridge: MIT Press.

Firth, D., & de Menezes, R. X. (2004). Quasi-variances. *Biometrika, 91*, 65-80.

Fisher, R. A. (1925). *Statistical methods for research workers* (1st ed.). Edinburgh, UK: Oliver & Boyd.

Francis, B., Green, M., & Payne, C. (1993). *The GLIM system: Release 4 manual.* Oxford, UK: Clarendon Press.

Galindo-Garre, F., & Vermunt, J. K. (2004). The order-restricted association model: Two estimation algorithms and issues in testing. *Psychometrika, 69*, 641-654.

Ganzeboom, H. B. G., de Graaf, P., & Treiman, D. J. (1992). A standard international socioeconomic index of occupational status. *Social Science Research, 21*, 1-56.

Ganzeboom, H. B. G., & Treiman, D. J. (1996). Internationally comparable measures of occupational status for the 1988 international standard classification of occupations. *Social Science Research, 25*, 201-239.

Gilula, Z. (1986). Grouping and association in contingency tables: An exploratory canonical correlation approach. *Journal of the American Statistical Association, 81*, 773-779.

Gilula, Z., & Haberman, S. J. (1986). Canonical analysis of contingency tables by maximum likelihood. *Journal of American Statistical Association, 81*, 780-788.

Gilula, Z., & Haberman, S. J. (1988). The analysis of multivariate contingency tables by restricted canonical and restricted association models. *Journal of the American Statistical Association, 83*, 760-771.

Goodman, L. A. (1972). A general model for the analysis of surveys. *American Journal of Sociology, 77*, 1035-1086.

Goodman, L. A. (1974). Exploratory latent structure analysis using both identifiable and unidentifiable models. *Biometrika, 61*, 215-231.

Goodman, L. A. (1979a). Multiplicative models for the analysis of occupational mobility tables and other kinds of cross-classification tables. *American Journal of Sociology, 84,* 804–819.

Goodman, L. A. (1979b). Simple models for the analysis of association in cross-classifications having ordered categories. *Journal of the American Statistical Association, 74,* 537–552.

Goodman, L. A. (1981a). Association models and the bivariate normal for contingency tables with ordered categories. *Biometrika, 68,* 347–355.

Goodman, L. A. (1981b). Association models and canonical correlation in the analysis of cross-classifications having ordered categories. *Journal of the American Statistical Association, 75,* 320–334.

Goodman, L. A. (1981c). Criteria for determining whether certain categories in a cross-classification table should be combined, with special reference to occupational categories in an occupational mobility table. *American Journal of Sociology, 87,* 612–650.

Goodman, L. A. (1984). Some useful extensions of the usual correspondence analysis approach and the usual log-linear models approach in the analysis of contingency tables (with Discussions). *International Statistical Review, 54,* 243–270.

Goodman, L. A. (1985). The analysis of cross-classified data having ordered and/or unordered categories: Association models, correlation models, and asymmetry models for contingency tables with or without missing entries. *Annals of Statistics, 13,* 10–69.

Goodman, L. A. (1986). Some useful extensions of the usual correspondence analysis approach and the usual log-linear models approach in the analysis of contingency tables (with Discussion). *International Statistical Review, 54,* 243–270.

Goodman, L. A. (1987). New methods for analyzing the intrinsic character of qualitative variables using cross-classified data. *American Journal of Sociology, 93,* 529–583.

Goodman, L. A. (1991). Models, measures, and graphical displays in the analysis of contingency tables (with Discussions). *Journal of the American Statistical Association, 86,* 1085–1138.

Goodman, L. A. (2007). Statistical magic and/or statistical serendipity: An age of progress in the analysis of statistical data. *Annual Review of Sociology, 33*, 1-19.

Goodman, L. A., & Hout, M. (1998). Statistical methods and graphical displays for analyzing how the association between two qualitative variables differ among countries, among groups or over time: A modified regression-type approach. In A. E. Raftery (Ed.), *Sociological methodology 1998* (Vol. 28, pp. 175-230). Washington, DC: American Sociological Association.

Goodman, L. A., & Hout, M. (2001). Statistical methods and graphical displays for analyzing how the association between two qualitative variables differ among countries, among groups or over time. Part II: Some exploratory techniques, simple models, and simple examples. In M. P. Becker (Ed.), *Sociological methodology 2001* (Vol. 31, pp. 189-221). Washington, DC: American Sociological Association.

Greenacre, M. J. (1984). *Theory and applications of correspondence analysis.* New York: Academic Press.

Greenacre, M. J. (1988). Clustering the rows and columns of a contingency table. *Journal of Classification, 5*, 39-51.

Grusky, D. B., & Hauser, R. M. (1984). Comparative social mobility revisited: Models of convergence and divergence in sixteen countries. *American Sociological Review, 49*, 19-38.

Guttman, L. (1971). Measurement as structural theory. *Psychometrika, 36*, 329-347.

Haberman, S. J. (1978). *Analysis of qualitative data* (Vol. 1). New York: Academic Press.

Haberman, S. J. (1979). *Analysis of qualitative data* (Vol. 2). New York: Academic Press.

Haberman, S. J. (1981). Test of independence in two-way contingency tables based on canonical correlations and on linear-by-linear interaction. *Annals of Statistics, 9*, 1178-1186.

Haberman, S. J. (1995). Computation of maximum likelihood estimates in association models. *Journal of the American Statistical*

Association, 90, 1438-1446.

Harshman, R. A. (1970). Foundations of the PARAFAC procedure: Models and conditions for an "exploratory" multi-modal factor analysis. *UCLA Working Papers in Phonetics, 16*, 1-84.

Harshman. R. A., & Lundy, M. E. (1984). Data preprocessing and the extended Parafac model. In H. G. Law, C. W. Synder Jr., J. A. Hattie, & R. P. McDonald (Eds.), *Research methods for multimode data analysis* (pp. 216-284). New York: Praeger.

Hauser, R. M. (1978). A structural model of the mobility table. *Social Forces, 56*, 919-953.

Henry, N. (1981). Jackknifing measures of association. *Sociological Methods & Research, 10*, 233-240.

Hou, F., & Myles, J. (2008). The changing role of education in the marriage market: Assortative marriage in Canada and the United States since the 1970s. *Canadian Journal of Sociology, 32*, 337-366.

Hout, M. (1983). *Mobility tables.* Beverly Hills, CA: Sage.

Hout, M. (1984). Status, autonomy, and training in occupational mobility. *American Journal of Sociology, 89*, 1379-1409.

Hout, M. (1988). More universalism, less structural mobility: The American occupational structure in the 1980s. *American Journal of Sociology, 93*, 1358-1400.

Ihaka, R., & Gentleman, R. (1996). R: A language for data analysis and graphics. *Journal of Computational and Graphical Statistics, 5*, 299-314.

Ishii-Kuntz, M. (1991). Association models in family research. *Journal of Marriage & the Family, 53*, 337-348.

Ishii-Kuntz, M. (1994). *Ordinal log-linear models.* Thousand Oaks, CA: Sage.

Kateri, M. (2014). *Contingency Table Analysis: Methods and Implementation Using R.* New York: Birkhäuser.

Kateri, M., Ahmad, R., & Papaioannou, T. (1998). New features in the class of association models. *Applied Stochastic Models Data*

164 参考文献

Analysis, 14, 125–136.

Kateri, M., & Iliopoulos, G. (2004). On collapsing categories in two-way contingency tables. *Statistics: A Journal of Theoretical and Applied Statistics, 37*, 443–455.

Knoke, D., & Burke, P. J. (1980). *Log-linear models.* Beverly Hills, CA: Sage.

Kotz, S., & Johnson, N. J. (Eds.). (1985). *Encyclopedia of statistical sciences* (Vol. 6). New York: Wiley.

Kruskal, J. B. (1977). Three-way arrays: Rank and uniqueness of trilinear decomposition, with application to arithmetic complexity and statistics. *Linear Algebra and Its Applications, 18*, 95–138.

Kruskal, J. B., Harshman, R. A., & Lundy, M. E. (1989). How 3-mfa data can cause degenerate PARAFAC solutions, among other relationships. In R. Coppi & S. Bolasco (Eds.), *Multiway data analysis* (pp. 115–130). Amsterdam: North-Holland.

Martin-Löf, P. (1974). The notion of redundancy and its use as a qualitative measure of the discrepancy between a statistical hypothesis and a set of observational data (with Discussion). *Scandinavian Journal of Statistics, 1*, 3–18.

Mooney, C. Z., & Duval, R. D. (1993). *Bootstrapping: A nonparametric approach to statistical inference.* Newbury Park, CA: Sage.

Nakao, K. (1992). Occupations and stratification: Issues of measurement. *Contemporary Sociology, 21*, 658–662.

Nam, C. B., & Powers, M. G. (1983). *The socioeconomic approach to status measurement: With a guide to occupational and socioeconomic status scores.* Houston, TX: Cap & Gown Press.

Pannekoek, J. (1985). Log-multiplicative models for multiway tables. *Sociological Methods & Research, 14*, 137–153.

Powers, D. A., & Xie, Y. 2000. *Statistical methods for categorical data analysis.* San Diego, CA: Academic Press.

Powers, D. A., & Xie, Y. 2008. *Statistical methods for categorical data analysis* (2nd ed.). Howard House, UK: Emerald.

Raftery, A. E. (1986). Choosing models for cross-classifications. *Amer-*

ican Sociological Review, 51, 145-146.

Raftery, A. E. (1996). Bayesian model selection in social research. In P. V Marsden (Ed.). *Sociological methodology 1996* (Vol. 25, pp. 111-163). Washington, DC: American Sociological Association.

Raymo, J. M., & Xie, Y. (2000). Temporal and regional variation in the strength of educational homogamy. *American Sociological Review, 65*, 773-781.

Ritov, Y., & Gilula, G. (1991). The order-restricted RC model for ordered contingency tables: Estimation and testing for fit. *Annals of Statistics, 19*, 2090-2101.

Rosmalen, J. V., Koning, A. J., & Groenen, P. J. F. (2009). Optimal scaling of interaction effects in generalized linear models. *Multivariate Behavioral Research, 44*, 59-81.

Rudas, T. (1997). *Odds ratios in the analysis of contingency tables.* Thousand Oaks, CA: Sage.

Ruggles, S., Sobek, M., Alexander, T., Fitch, C. A., Goeken, R., Hall, P. K., et al. (2004). *Integrated public use microdata series: Version 3.0* [Machine-readable database]. Minneapolis: Minnesota Population Center [producer and distributor].

Siciliano, R., & Mooijaart, A. (1997). Three-factor association models for three-way contingency tables. *Computational Statistics & Data Analysis, 24*, 337-356.

Smith, H. L., & Garnier, M. A. (1987). Scaling via models for the analysis of association: Social background and educational careers in France. In C. C. Clogg (Ed.), *Sociological methodology 1987* (Vol. 17, pp. 205-246). Washington, DC: American Sociological Association.

Smits, J., Ultee, W., & Lammers, J. (1998). Educational homogamy in 65 countries: An explanation of differences in openness using country-level explanatory variables. *American Sociological Review, 63*, 264-285.

Smits, J., Ultee, W., & Lammers, J. (2000). More or less educational homogamy? A test of different versions of modernization theory using cross-temporal evidence for 60 countries. *American Sociological Review, 65*, 781–788.

Stegeman, A. (2007). Degeneracy in Candecomp/Parafac and Indscal explained for several three-sliced arrays with a two-valued typical rank. *Psychometrika, 72*, 601–619.

Tucker, L. R. (1966). Some mathematical notes on three-mode factor analysis. *Psychometrika, 31*, 279–311.

Turner, H. L., & Firth, D. (2007a). Generalized nonlinear models in R. *Statistical Computing & Graphics Newsletter, 18*, 11–16.

Turner, H L., & Firth, D. (2007b). gnm: A package for generalized nonlinear models. *R News, 7*, 8–12.

Vermunt, J. K. (1997). *LEM 1.0: A general program for the analysis of categorical data.* Tilburg University, Tilburg, The Netherlands. Retrieved September 1, 2009, from `www.uvt.nl/faculteiten/fsw/organisatie/departementen/mto/software2.html` (現在は `https://jeroenvermunt.nl/`で公開されている)

Vermunt, J. K. (2001). The use of restricted latent class models for defining and testing nonparametric and parametric IRT models. *Applied Psychological Measurement, 25*, 283–294.

Vermunt, J. K., & Magidson, J. (2005). *Latent GOLD 4.0 user's guide.* Belmont, MA: Statistical Innovations Inc.

Weakliem, D. L. (1992). Comparing non-nested models for contingency tables. In P. V. Marsden (Ed.), *Sociological methodology 1992* (Vol. 22, pp. 147–178). Oxford, UK: Basil Blackwell.

Weakliem, D. L. (1999). A critique of the Bayesian information criterion for model selection. *Sociological Methods & Research, 27*, 359–397.

Wong, R. S.-K. (1990). Understanding cross-national variation in occupational mobility. *American Sociological Review, 55*, 560–573.

Wong, R. S.-K. (1992). Vertical and nonvertical effects in class mobility: Cross-national variations. *American Sociological Review, 57*, 396–410.

Wong, R. S.-K. (1994). Model selection strategies and the use of association models to detect group differences. *Sociological Methods & Research, 22*, 460-491.

Wong, R. S.-K. (1995). Extensions in the use of log-multiplicative scaled association models in multiway contingency tables. *Sociological Methods & Research, 23*, 507-538.

Wong, R. S.-K. (2001). Multidimensional association models: A multilinear approach. *Sociological Methods & Research, 30*, 197-240.

Wong, R. S.-K. (2003a, March 1-3). *How sample size and strength of association affect the ability to detect group differences in cross-classification analysis.* Paper presented at the conference of the Research Committee on Social Stratification (RC28), International Sociological Association in Tokyo, Japan.

Wong, R. S.-K. (2003b). To see or not to see: Another look at research on temporal trends and cross-national differences in educational homogamy. *Taiwanese Journal of Sociology, 31*, 47-91.

Wong, R. S.-K., & Hauser, R. M. (1992). Trends in occupational mobility in Hungary under socialism. *Social Science Research, 21*, 419-444.

Wong, R. S.-K., & Wu, X. G. (2006, May 12-14). *Constructing an indigenous socioeconomic scale of occupation in Hong Kong: Issues and comparisons.* Paper presented at the International Sociological Association Research Committee on Social Stratification and Mobility at Nijmegen, The Netherlands.

Xie, Y. (1992). The log-multiplicative layer model for comparing mobility tables. *American Sociological Review, 57*, 380-395.

Xie, Y. (1998). Comment: The essential tension between parsimony and accuracy. In A. E. Raftery (Ed.), *Sociological methodology 1998* (Vol. 28, pp. 231-236). Washington, DC: American Sociological Association.

Xie, Y., & Pimentel, E. E. (1992). Age patterns of marital fertility: Revising the Coale-Trussell method. *Journal of the American Statistical Association, 87*, 977-984.

Yamaguchi, K. (1987). Models for comparing mobility tables: Toward parsimony and substance. *American Sociological Review,* *52,* 482–494.

Yamaguchi, K. (1998). Comment: Some alternative ways to formulate regression-type models for three-way contingency table analysis to enhance the interpretability of results. In A. E. Raftery (Ed.), *Sociological methodology 1998* (Vol. 28, pp. 237–247). Washington, DC: American Sociological Association.

Yule, G. U. (1906). On a property which hold good for all groupings of a normal distribution of frequency for two variables, with applications to the study of contingency-tables for the inheritance of unmeasured qualities. *Proceedings of the Royal Society, Series A,* *77,* 324–336.

Yule, G. U. (1912). On the methods of measuring association between two attributes. *Biometrika, 2,* 121–134.

索　引

<〈訳者紹介〉>

藤原　翔（ふじはら しょう）

2010 年　大阪大学大学院人間科学研究科博士後期課程 修了
現　　在　東京大学社会科学研究所 准教授
　　　　　博士（人間科学）
専　　門　社会階層論，計量社会学
主　　著　『格差社会の中の高校生：家族・学校・進路選択』（共編，勁草書房，2015）
　　　　　『計量社会学入門：社会をデータでよむ』（共編，世界思想社，2015）
　　　　　『人生の歩みを追跡する：東大社研パネル調査でみる現代日本社会』（共編，勁草書房，2020）

計量分析 One Point
カテゴリカルデータの連関モデル
（原題：*Association Models*）

2023 年 11 月 30 日　初版 1 刷発行

著　者　Raymond Sin-Kwok Wong（ウォン）

訳　者　藤原　翔　© 2023

発行者　南條光章

発行所　**共立出版株式会社**
〒 112-0006
東京都文京区小日向 4-6-19
電話番号　03-3947-2511（代表）
振替口座　00110-2-57035
www.kyoritsu-pub.co.jp

印　刷　大日本法令印刷
製　本　加藤製本

検印廃止
NDC 417

ISBN 978-4-320-11417-3

一般社団法人
自然科学書協会
会員

Printed in Japan

JCOPY <出版者著作権管理機構委託出版物>
本書の無断複製は著作権法上での例外を除き禁じられています．複製される場合は，そのつど事前に，出版者著作権管理機構（TEL：03-5244-5088，FAX：03-5244-5089，e-mail：info@jcopy.or.jp）の許諾を得てください．